MANUALES UTEHA • NUMERO 36/36a

Sección 3

QUIMICA

ELECTROQUIMICA

TOMO II

ELECTROQUIMICA

Y SUS FUNDAMENTOS FISICOQUIMICOS

TOMO II

Por el

DR. ADOLF DASSLER

TRADUCCIÓN AL ESPAÑOL POR

MARIA TERESA TORAL

Doctora en Ciencias Químicas, Universidad de Madrid

PRIMERA EDICIÓN EN ESPAÑOL

UNION TIPOGRAFICA EDITORIAL HISPANO AMERICANA

Barcelona, Bogotá, Buenos Aires, Caracas, Guatemala, La Habana, Lima, Montevideo, Quito, Rio de Janeiro, San José de Costa Rica, San Salvador, Santiago.

MEXICO

Esta obra es la traducción al español debidamente autorizada de la publicada originalmente en alemán por Walter de Gruyter & Co., de Berlín W 35, Alemania, con el título de

ELEKTROCHEMIE

UND IHRE PHYSIKALISCH-CHEMISCHEN GRUNDLAGEN

IMPRESO EN MEXICO
PRINTED IN MEXICO

EFSA, Arquitectura 29, Copilco-Universidad, México, D. F.

INDICE

ELECTROQUIMICA

CAPITULO PRIMERO

FUNDAMENTOS DE LA TERMODINAMICA

En el tomo I nos hemos referido preferentemente al transporte de la electricidad y a las variaciones de sustancia que pueden observarse en la electrólisis. Para la comprensión del aspecto energético de este proceso y del inverso que más adelante examinaremos, es decir, la obtención de energía eléctrica a partir de energía química, es indispensable el conocimiento de los fundamentos generales de la teoría de la Energética o Termodinámica. Por su sencillez y el rigor con que se cumplen bajo ciertas condiciones postuladas, resultan adecuadas muy especialmente para deducir las leyes energéticas.

Las leyes de los gases

Según la ley de R. Boyle (1660) y E. Mariotte (1668) el producto del volumen v de un gas y de su presión p es constante:

$$p \cdot v = C \tag{1}$$

cuando se mantiene constante la temperatura del gas. El valor numérico de la constante C se ajusta a las unidades en que se miden p y v. Según esta ley un gas ocupa, por ejemplo, la mitad de volumen cuando se duplica la presión.

Para la relación entre el volumen de un gas y su temperatura a presión constante, es válida la ley de Gay-Lussac (1802). El volumen v_0 que ocupa un gas a 0° C., al variar su temperatura a t° C. adquiere el valor

$$v = v_0 (1 + \alpha t) \tag{2}$$

En esta expresión, α representa el coeficiente de temperatura que en todos los gases es igual a $1/273$, con bastante exactitud, es decir, cuando se mantiene constante la presión externa, todos los gases, al elevar su temperatura de 0 a 1° C., aumentan en $1/273$ el volumen que ocupan a 0° C.

Si ahora no mantenemos la presión constante al variar la temperatura, sino el volumen del gas, la presión varía con la temperatura según la ecuación:

$$p = p_0 (1 + \alpha \cdot t) \qquad (3)$$

donde p_0 representa la presión a 0° C. y p la presión a t° C.

Si varían simultáneamente la temperatura, el volumen y la presión de un gas, podemos imaginarnos este proceso en dos etapas. En primer lugar, el gas pasa a presión constante de 0 a t° C. y ocupa entonces en lugar de su volumen v_0 a 0°, el espacio:

$$v_1 = v_0 (1 + \alpha \cdot t)$$

Luego se varía la presión de p_0 a p manteniendo constante la temperatura t y, para ello, deberá ser $v_1 \cdot p_0 = v \cdot p$, si v representa el volumen a t° y a la presión p.

Por sustitución de v_1, se obtiene entonces:

$$p \cdot v = p_0 \cdot v_0 (1 + \alpha \cdot t) \qquad (4)$$

como ecuación general para la presión p y el volumen v, a t° C., de un gas que a 0° C. tiene la presión p_0 y el volumen v_0.

Como α tiene para todos los gases el valor aproximado $1/273$, la expresión entre paréntesis $(1 + \alpha \cdot t)$ para la temperatura de -273° C. será $= 1 - \frac{273}{273} = 0$ y, por consiguiente, $p \cdot v = 0$. Para temperaturas aún más bajas, $p \cdot v$ tomaría justamente valores negativos. W. Thomson (Lord Kelvin) llegó por esto a la conclusión (1849) de que no puede darse una temperatura inferior a -273° C. y fundó con ello la *escala de temperaturas absolutas* cuyo punto cero queda en — 273° C. (más exactamente en — 273.16° C.) y que guarda con la escala centígrada de Celsius la relación

$$T^{\circ}_{\text{abs.}} = 273.16 + t^{\circ}\,\text{C.} = T^{\circ}\,\text{K.} \qquad (5)$$

La unidad o grado de esta escala se designa de modo general como grado Kelvin (° K.) en honor a este investigador.

Mediante la introducción de la temperatura absoluta, la ley toma la forma:

$$p \cdot v = p_0 \cdot v_0 \frac{T}{273.16} \quad \text{ó} \quad \frac{p \cdot v}{T} = \frac{p_0 \cdot v_0}{273.16} \qquad (6)$$

en donde p_0 y v_0 están referidos a 0° C. = 273.16° K.

Para los fines de la Química resulta lo más cómodo emplear como unidad de la cantidad de gas considerada, la molécula-gramo (mol). A 0° C. y a la presión atmosférica, que corresponde a la medida normalmente al nivel del mar en un barómetro de Torricelli, o sea a una altura de 760 mm de la columna de mercurio (760 mm Hg = 760 Torr.), cada mol de un gas cualquiera ocupa, según la *ley de Avogadro* ya mencionada con anterioridad (Vol. I, pág. 88), un espacio de 22.4 litros (más exactamente 22 415 cm^3) que se designa por *volumen molar.*

El segundo miembro de la ecuación (6) se calcula con la elección de esta unidad por:

$$\frac{p_0 \cdot v_0}{273.16} = \frac{22.415}{273.16} = 0.08206 \text{ litros-atmósfera/° K.} \times \text{mol}$$

Esta constante natural, que es válida de modo general para todos los gases, se suele designar con la inicial **R** y se llama *constante de los gases.* Su dimensión es $\frac{\text{(Volumen) Energía}}{\text{°K.} \times \text{mol}}$.

Con la introducción de esta constante, la *ecuación de estado de los gases* para 1 mol de un gas cualquiera toma la forma sencilla:

$$p \cdot v = \mathbf{R} \cdot T \qquad (7)$$

y para n moles de cualquier gas:

$$p \cdot v = n\mathbf{R}T \tag{8}$$

que nos dice que n moles de un gas a $T°$ K. y a la presión p (atm.) ocupa el volumen de v litros dado por la ecuación al sustituir $\mathbf{R}$ por el valor 0.08206. Si se eligen otras unidades para medir el volumen y la presión, como las absolutas, esto es, cm^3 y $dinas/cm^2$, respectivamente, habrá que sustituir $\mathbf{R}$ por el valor $83.16 \cdot 10^6$ ergios/°K. · mol. En ocasiones, también es necesario medir $p \cdot v$ no en unidades mecánicas (volumen-energía) sino en unidades caloríficas (cal) o eléctricas (vat-seg.). En estos casos es $\mathbf{R} = 1.986$ cal/°K. · mol y $\mathbf{R} = 8.317$ vat.-seg./°K. · mol, respectivamente.

El estado de un gas viene así pues dado por 3 magnitudes, con arreglo a las leyes reunidas de Boyle-Mariotte, Gay-Lussac, Lord Kelvin y Avogadro que juntas nos han conducido al desarrollo de la ecuación (7), y precisamente estas 3 magnitudes son su volumen molecular o molar v [en la ecuación (8) v/n], su presión p y su temperatura absoluta T. Si de estas magnitudes, que también se llaman *magnitudes o parámetros de estado*, se dan dos de ellas, la tercera queda determinada claramente por las ecuaciones (7) y (8).

Todas las leyes de los gases que se acaban de considerar y la ecuación de estado que las reúne, en general se confirman bien en los gases *reales* tomados en la región de temperatura en la cual se comportan como gases permanentes (es decir, por encima de su temperatura *crítica*, o lo que es lo mismo, en la región de temperatura en la cual no pueden liquidarse por alta que sea la presión). A presiones altas y a temperaturas relativamente bajas se obtienen desviaciones más o menos grandes con respecto a los valores exigidos por las leyes. Por otra parte pueden presentarse también desviaciones en los gases poliatómicos por su disociación. Sin embargo, todos los gases monoatómicos, y por ello especialmente los gases nobles, cumplen la ecuación de estado con tanto mayor rigor cuanto más baja sea su presión y más alta su temperatura. Así pues, la ley dada en la ecuación de estado se considera como una *ley de aproximación* o *ley límite* propiamente dicha, que solamente se cumple rigurosamente por un gas *perfecto* o *ideal* y que sólo se verifica con suficiente nitidez en los gases reales cuando éstos están a una temperatura y una presión suficientemente alta y baja, respectivamente.

Si se exceptúan las desviaciones del tipo mencionado, en general insignificantes, la ecuación de estado (8) no sólo se verifica en los gases puros, sino también en las mezclas de gases. Si se mezclan, por ejemplo, a moles del gas A con b moles del gas B, el volumen ocupado por esta mezcla a la temperatura T y la presión p en atm. se calcula por

$$v = \frac{\mathbf{R}T\,(a+b)}{p}\,\mathrm{cm}^3, \tag{9}$$

donde $\mathbf{R}$ se sustituye por el valor 82.06. La cantidad de a moles del gas A ocuparía por sí sola el espacio

$$v_1 = \frac{\mathbf{R}Ta}{p}\,\mathrm{cm}^3$$

y los b moles del gas B ocuparían

$$v_2 = \frac{\mathbf{R}Tb}{p}\,\mathrm{cm}^3.$$

Si al principio se introducen estos gases por separado en dos espacios de magnitud correspondiente, a la misma presión p y con la misma temperatura T, y luego, al quitar la pared de separación entre los dos espacios, se les deja difundirse entre sí, su mezcla, si el espacio total se mantiene en la magnitud invariable $v = v_1 + v_2$, no va acompañada de variación de presión.

Por ello se puede postular que cada uno de los gases contenidos en la mezcla gaseosa contribuye con la *presión parcial* p_1 a la presión total de la mezcla de gases, esto es, con la presión que ejercería por sí solo en el espacio total en que se encuentra la mezcla de gases. En un espacio v, a moles del gas A ejercerían la presión

$$p_1 = \frac{\mathbf{R}Ta}{v} \text{ atm.}$$

y análogamente b moles del gas B, la presión

$$p_2 = \frac{\mathbf{R}Tb}{v} \text{ atm.}$$

La presión total p de ambos gases se obtiene sencillamente por la suma de estas presiones parciales como:

$$p = p_1 + p_2 = \frac{\mathbf{R}T\ (a + b)}{v} \text{ atm.}$$

Esta ley conocida como *ley de Dalton* (1803) se verifica en todas las mezclas de gases ideales, cualquiera que sea su número, y se cumple en general bastante bien en los gases reales, aunque, sin embargo, sólo rigurosamente, al igual que la ecuación de estado, cuando se encuentran a temperatura y presión lo suficientemente alta y baja, respectivamente.

El cambio de energía en la variación de volumen de los gases

La expansión de un gas en el interior de un cilindro con un émbolo que lo cierra herméticamente, como se representa en la figura 1, se puede efectuar por dos caminos fundamentalmente distintos: utilizando la fuerza ejercida sobre el émbolo por el gas, que es proporcional a la presión de éste, para vencer una fuerza opuesta, como para la elevación del peso, o bien renunciando a rendir este trabajo.

Ambos casos son de la mayor importancia teórica porque permiten deducir conocimientos importantes.

Examinemos en primer lugar el caso que hemos citado en segundo término de la *expansión del gas sin trabajo.* Para hacer realmente imposible toda cesión de energía del gas durante su aumento de volumen, exteriormente al cilindro debe obrar la presión 0, o sea el vacío, y además el cilindro debe moverse sin rozamiento, cerrar herméticamente y, por añadidura, no tener masa. Estos requisitos sólo pueden realizarse en la práctica con más o menos aproximación. Gay-Lussac, quien fue el primero (1807) en investigar este caso, dejó circular simplemente el gas de un espacio *I* a un espacio evacuado *II* y halló que este proceso en los gases perfectos o ideales, es decir, los gases que obedecen rigurosamente a la ecuación de estado, transcurre *con neutralidad térmica,* es decir, no va acompañado ni de enfriamiento ni de calentamiento del gas en conjunto. Se puede observar muy bien que la porción de gas que queda en el espacio *I* inmediatamente después de efectuada la expansión está más fría que el medio, y la del que se encuentra en el espacio *II,* más caliente. Sin embargo, si se procura una mezcla rápida de ambas porciones de gas los dos efectos se compensan. En un *experimento imaginario* se cumpliría esto, así como una expansión completamente sin trabajo, si pusiéramos en libertad súbitamente el émbolo (que se mueve sin rozamiento, cierra herméticamente y no tiene masa) del recipiente de gas, representado en la figura 1, detenido en *a* y lo detuviéramos de nuevo en el punto *b,* con lo cual dicho émbolo, que se mueve hacia arriba, no

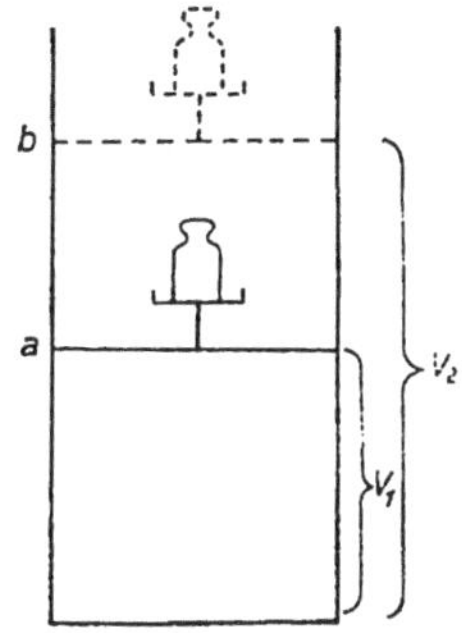

FIG. 1. Expansión de un gas.

podría ni levantar un peso ni rendir trabajo contra una presión externa. En un proceso de expansión realizado bajo estas condiciones la temperatura de una masa de gas que se comporte idealmente quedará completamente invariable (2ª ley de Gay-Lussac). En cambio, en la expansión sin trabajo de los gases reales se produce un enfriamiento, si bien insignificante, de la masa de gas y en algunos gases (por ejemplo, H_2) un pequeño calentamiento (efecto Joule positivo o negativo, respectivamente).

Mientras el aumento de volumen de un gas, por lo menos en un experimento imaginario, puede considerarse así que se realiza sin trabajo, es decir, sin ceder ni siquiera la más pequeña cantidad de energía, la compresión de un gas sólo es posible siempre con consumo de trabajo o de energía. Se trata por ello en la expansión de un gas sin trabajo de un proceso que se califica como *irreversible*, esto es, de un proceso durante cuyo curso la cantidad de energía obtenida no alcanza para retroceder al estado inicial.

Si, en cambio, obtiene el trabajo que podría rendir un gas al dilatarse, la energía así conseguida, bajo condiciones ideales, alcanzaría justamente para volverlo a comprimir a su volumen original. Por tanto, si queremos desarrollar la expansión del gas encerrado en el recipiente (fig. 1) del volumen v_1 al v_2 *reversiblemente*, para que ello sea posible tendremos que cargar el émbolo en cada fase de este proceso con el peso que mantenga exactamente en equilibrio la presión del gas. Además, naturalmente, el émbolo deberá moverse sin rozamiento y cerrar herméticamente. La fuerza p_1, con la cual actúan n moles de un gas ideal sobre un émbolo de 1 cm² de sección, se obtiene por la ecuación de estado (8), como:

$$p_1 = \frac{n\,\mathbf{R}T}{v_1}\ \text{dinas}$$

cuando sustituimos $\mathbf{R}$ por el valor 83.16 ergios/°K. · mol.

En cada caso, la presión ejercida sobre el émbolo depende, por consiguiente, del volumen del gas y, en consecuencia, sólo puede considerarse constante en variaciones de volumen infinitamente pequeñas, dv. La cantidad máxima de trabajo que puede rendir una variación de volumen semejante en las citadas condiciones ideales, se calcula por:

$$dA = p \cdot dv$$

o sea, puesto que

$$p = \frac{n\,\mathbf{R}T}{v},$$

por

$$dA = \frac{n\,\mathbf{R}T}{v}\,dv$$

Para el cálculo de la cantidad de trabajo, A, que podemos obtener en el mejor caso por un aumento finito del volumen del gas de $v_1 \rightarrow v_2$, necesitamos integrar esa expresión entre los límites v_1 y v_2, y entonces se tiene:

$$A = \int_{v_1}^{v_2} \frac{n\,\mathbf{R}\,T}{v} \cdot dv$$

Con una temperatura constante, de $T°$ K, se obtiene, aplicando las reglas del cálculo integral y puesto que n y $\mathbf{R}$ son igualmente magnitudes constantes:

$$A = n\,\mathbf{R}\,T \cdot \int_{v_1}^{v_2} \frac{dv}{v}$$

$$A = n\,\mathbf{R}\,T \cdot \ln \frac{v_2}{v_1} \text{ ergios} \tag{10}$$

o, si transformamos el logaritmo natural en logaritmo decimal:

$$A = n\,\mathbf{R}\,T\,2.303 \cdot \log \frac{v_2}{v_1} \text{ ergios} \tag{10a}$$

De este modo hemos calculado el trabajo máximo que se puede obtener, en el caso más favorable, con la expansión de un gas desde el volumen v_1 y la presión p_1, como energía potencial, al volumen v_2 y la presión p_2, con exclusión de todas las pérdidas (por rozamiento o por otras causas). Como $p_1 v_1 = p_2 v_2$, podemos sustituir también $\frac{v_2}{v_1}$ por p_1/p_2 y entonces tendremos:

$$A = n\,\mathbf{R}\,T\,2.303 \cdot \log \frac{p_1}{p_2} \text{ ergios} \qquad (10b)$$

Como se reconoce fácilmente, debemos consumir por lo menos el mismo trabajo para comprimir el gas ideal del volumen v_2 y la presión p_2 al volumen v_1 y la presión p_1. Por consiguiente, una expansión de gas realizada con obtención del trabajo máximo se considera como un proceso reversible.

En la práctica nunca puede desarrollarse el proceso ideal descrito en forma completamente reversible, aunque puede aproximarse mucho. Siempre será la cantidad de trabajo obtenida en la expansión un poco menor que la teórica y la necesaria para la compresión un poco mayor, a causa de las pérdidas por rozamiento y de otra índole. El conocimiento que precisamente acaba de adquirirse acerca de la cantidad de trabajo que se obtiene en la variación de volumen de los gases realizada reversiblemente es de la mayor importancia en la Termodinámica, como veremos más adelante.

Por un lado, un gas de volumen v_1 puede llevarse al volumen v_2 de modo que se impida todo rendimiento de trabajo. Como en este proceso no solamente el gas no cede ninguna clase de energía, ni mecánica ni calorífica, sino que tampoco toma ninguna y como además la energía total contenida en el gas no puede desaparecer, según el primer principio de la Termodinámica, el contenido de energía total de un gas ideal en su expansión de un volumen v_1 a otro v_2, sigue invariable. Por otra lado, podemos, por el contrario, llevar el gas desde el volumen v_1 al mismo estado final, es decir, al volumen v_2, de modo que rinda trabajo durante su proceso de expansión y, de este modo, obtener la cantidad máxima de trabajo. Como el gas, después de este rendimiento de trabajo, se encuentra exactamente en el mismo estado que después de la expansión sin trabajo y, por consiguiente, debe tener el mismo contenido de energía total, la cantidad de energía total que se puede obtener en su expansión no debe proporcionarla la energía del propio gas, sino que únicamente habrá cedido el medio que le rodea. La experiencia confirma esta suposición y nos enseña que la cantidad de energía total que rinde un gas ideal en su expansión se ha sustraído del medio que le rodea en forma de energía calorífica y que. de modo inverso, el trabajo consumido para la compresión de este gas se transforma totalmente en calor y es cedido al medio.

El trabajo rendido por un gas al expansionarse surge primeramente de su propia reserva de energía calorífica. El gas se enfría por ello en su expansión. por cuanto en este proceso rinde trabajo. y, a la inversa, todo gas se calienta al comprimirse. Puesto que la presión de un volumen determinado de gas disminuye al descender la temperatura y, por lo tanto, también se reduce el rendimiento de trabajo de un gas que se expansiona y con ello se enfría, solamente obtendremos completamente la cantidad máxima de energía antes calculada cuando la expansión se efectúe de modo *isotermo,* es decir, cuando se realice tan lentamente que el gas que se enfría con su rendimiento de trabajo tenga siempre tiempo suficiente para sustraer calor del medio que le rodea y poder mantenerse así invariablemente a su misma alta temperatura. Del mismo modo, sólo puede hacerse luego completamente reversible el proceso con la cantidad máxima de trabajo así obtenida cuando la compresión se efectúe con extraordinaria lentitud, de modo que el calor de compresión que surge en cada momento puede cederse constantemente al medio que rodea al gas sin elevación apreciable de la temperatura de éste. Desistimos aquí de considerar otro caso extremo, en que no se permite que el gas iguale su temperatura, en cada momento, con la del medio que le rodea, durante su variación de volumen, o sea al examen de la expansión y compresión *adiabáticas*.

El segundo principio de la Termodinámica

El proceso cíclico de Carnot-Clausius

En un gran termostato (recipiente de calor I), cuya temperatura T_1 no varía apreciablemente por sustracción de la cantidad de calor en cuestión, se encuentran n moles de un gas de volumen v_1 a la presión p_1. En las variaciones que ha de experimentar el gas en el proceso que vamos a describir, seguiremos rigurosamente en los cuatro pasos la regla de que toda pérdida de energía que aparezca en el segundo miembro de la ecuación correspondiente irá precedida de signo negativo y toda ganancia de energía, en el mismo miembro, tendrá signo positivo, con lo cual resulta posible, en conclusión, por la simple suma de estos miembros, obtener una visión exacta, o de balance, entre la ganancia o bien la pérdida de energía. Todas las cantidades de energía se miden en unidades absolutas.

El primer paso del proceso examinado debe consistir, por lo tanto, en llevar el gas, por expansión realizada isotérmicamente y de modo reversible, al volumen v_2 ($v_2 > v_1$), de modo que para el trabajo máximo ganado se tendrá:

$$-n\mathbf{R}T_1 \ln \frac{v_2}{v_1} = -A_1 \qquad (a)$$

y para ello se habrá sustraído del recipiente de calor la cantidad de calor correspondiente:

$$n \mathbf{R} T_1 \ln \frac{v_2}{v_1} = A_1 = + Q_1 \qquad (b)$$

En el segundo paso del proceso, el gas expansionado al volumen v_2, que se mantiene constante, lo llevamos a otro recipiente de calor *II*, también suficientemente grande, cuya tempertura T_0 es más baja que T_1. Con ello, el gas cederá al recipiente *II* la cantidad de calor

$$- n c_v (T_1 - T_0) = - Q_0 \qquad (c)$$

si entendemos por c_v el calor molar del gas a volumen mantenido constante.

En el tercer paso de nuestro experimento imaginario comprimimos el gas enfriado a T_0 desde el volumen v_2 al inicial v_1. Para ello necesitaremos emplear como mínimo algo menos trabajo que el que hemos obtenido en la expansión en el recipiente *I* y justamente:

$$+ n \mathbf{R} T_0 \ln \frac{v_2}{v_1} = + A_2 \qquad (d)$$

Con ello pasará al recipiente II una cantidad correspondiente de calor:

$$- n \mathbf{R} T_0 \ln \frac{v_2}{v_1} = - Q_2 \qquad (e)$$

Finalmente, en el cuarto paso volveremos de nuevo el gas, comprimido a su volumen inicial v_1, al recipiente *I*, con lo que el gas sustrae de éste la cantidad de calor:

$$n c_v (T_1 - T_0) = + Q_0 \qquad (f)$$

De este modo, el gas se encuentra otra vez en su estado original y, por consiguiente, debe mostrar el mismo contenido de energía que en este estado inicial. Esto significa que la suma de todos los segundos miembros de las ecuaciones *(a)* a *(f)*, cuidadosamente precedidos de sus signos + y —, debe ser igual a cero:

$$-A_1 + Q_1 + A_2 - Q_2 = 0$$

Se elimina Q_0 porque aparece una vez con signo positivo y otra con signo negativo. Se obtiene así:

$$A_1 - A_2 = Q_1 - Q_2 \qquad (g)$$

Los procesos de este tipo, en los cuales el estado de un sistema sufre ciertas variaciones, pero en los que, sin embargo, al final recupera su estado inicial, se llaman *procesos cíclicos*, o simplemente *ciclos*. Representan como experimento imaginario un medio auxiliar valioso para la teoría cuando mediante ellos se tratan de obtener relaciones esenciales entre magnitudes más o menos fácilmente accesibles de modo experimental.* El ciclo aquí examinado se debe a los trabajos de S. Carnot (1824) y de R. Clausius (1850) *(Ciclo de Carnot-Clausius)*.

En el proceso descrito, el estado y, por consiguiente, el contenido de energía del gas, es el mismo al final del ciclo que al principio. En él se ha sustraído del recipiente *I* la cantidad de calor $Q_1 + Q_0$ y al recipiente *II* se le ha añadido la cantidad de calor $Q_2 + Q_0$. La cantidad de trabajo positiva, $A_1 - A_2$ ($A_1 > A_2$) en el cambio total, según la ecuación *(g)*, sólo puede proceder de dichas cantidades de calor transportadas. Con ello, estamos en situación de calcular, a partir del transporte de una cierta cantidad de calor de un lugar de temperatura alta a otro de temperatura más baja, el trabajo que se puede obtener en el caso más favorable, es decir, la cantidad máxima de trabajo. Si queremos realizar con un mínimo de la cantidad de calor que

* En el caso precedente, como veremos, entre el calor latente de la expansión de un gas y los coeficientes de temperatura de la cantidad máxima de trabajo que puede obtenerse en este proceso.

fluye, $Q_1 + Q_0$, la cantidad máxima de trabajo, $A_1 - A_2$, se deduce, del examen de ambas cantidades parciales Q_1 y Q_0 que debemos hacer Q_1 en relación con Q_0 tan grande como deseemos y dejar que v_2 aumente ilimitadamente. Entonces, en estas circunstancias, será Q_0, en relación a Q_1 y también a Q_2, tan pequeño que sea insignificante, de modo que podamos despreciar Q_0 y obtener entonces con un mínimo de la cantidad de calor que fluye, Q_1, la cantidad máxima en trabajo:

$$A = A_1 - A_2 = Q_1 - Q_2$$

o, según las ecuaciones *(a)* y *(d)*:

$$A = n\,\mathbf{R} \ln \frac{v_2}{v_1} (T_1 - T_0)$$

$$A = \frac{Q_1}{T_1} (T_1 - T_0)$$

De este modo se habrá sustraído del recipiente de calor *I* la cantidad de calor Q_1 y se habrá aportado al recipiente de calor *II*, la cantidad de calor $Q_2 = \frac{T_0}{T_1} Q_1$. En el caso más favorable, en esta transferencia de calor, se puede obtener así, en forma de energía mecánica, solamente la cantidad correspondiente a la diferencia de calores:

$$Q_1 - Q_2 = Q_1 \frac{T_1 - T_0}{T_1} = A$$

La cantidad de trabajo, *A*, que en el mejor caso puede obtenerse por el flujo de cualquier cantidad de calor Q desde el lugar de temperatura más alta, T_1, a otro más frío, a la temperatura T_0, se expresa así en forma general, por:

$$A = Q \frac{T_1 - T_0}{T_1} \qquad (11)$$

De este modo no llega la cantidad total de calor, Q, al recipiente más frío, sino solamente la parcial:

$$Q_2 = \frac{T_0}{T_1} Q$$

La otra porción del calor Q que ha fluido, o sea la cantidad:

$$Q - \frac{T_0}{T_1} Q = Q \frac{T_1 - T_0}{T_1} = A$$

aparece como el trabajo máximo que puede obtenerse en el proceso de transferencia de calor, que se verifica libremente entre sistemas con diferentes temperaturas, de una máquina de energía térmica trabajando en forma ideal. Como puede verse, esta cantidad de trabajo no alcanza para hacer el proceso reversible. La transmisión de calor de un lugar caliente a otro más frío es pues, en todo caso, un proceso irreversible.

De la ecuación (11) se deduce que el porcentaje de la cantidad de calor Q, que puede transformarse en energía mecánica por el flujo de la misma, en una caída o diferencia de temperatura, será tanto más grande cuanto mayor sea la diferencia de temperaturas $T_1 - T_0$. Por ello se ve que es antieconómico el que en nuestras máquinas de vapor el calor de combustión producido atraviese el desnivel de la caída de temperatura entre el carbón y la caldera sin obtener ningún trabajo.

Una máquina de vapor ideal que funcione con una temperatura de caldera de 473° K. y una temperatura de condensador de 300° K., podría rendir como trabajo máximo, a partir del calor de combustión Q, únicamente $A = Q \cdot \frac{173}{473} = 0.365\, Q$. En consecuencia, sólo el 36.5% de la energía calorífica generada puede transformarse teóricamente en trabajo mecánico. El *efecto útil* real de nuestra máquina de vapor quedaría solamente en alrededor del 10 al 20%, o sea por debajo de dicho valor teórico, a causa de las otras pérdidas de calor y energía inevitables y aún considerables. Si se pudiera trabajar con una temperatura de caldera de 1800° K. (esto es, cerca de la temperatura del carbón al rojo) se elevaría el efecto útil máximo alcanzable a 83.3%, si la temperatura del condensador se considerara invariablemente en 300° K. Una cantidad de calor solamente se puede transformar en energía mecánica íntegramente (efecto útil = 100%), como puede verse por la ecuación (11), cuando el punto final (condensador) al cual fluye, tenga la temperatura del cero absoluto (0° K.).

Si se pasa, por otra parte, a diferencias de temperaturas cada vez más pequeñas y, por último, infinitamente pequeñas $T_1 - T_0 \rightarrow dT$, según la ecuación (11) también la cantidad de trabajo excedente que es la máxima obtenible $A = A_1 - A_2 \rightarrow dA$ se hará tan pequeña que tenderá a desaparecer.

$$dA = Q \cdot \frac{dT}{T} \tag{12}$$

Con ello tenemos la expresión matemática ordinaria para el segundo principio de la Termodinámica o Energética que se ha demostrado se verifica en todos los procesos de la Naturaleza * y que puede ser formulado en formas

* El segundo principio solamente pierde su validez cuando se consideran sistemas extraordinariamente pequeños constituidos solamente por una pequeña cantidad de átomos o de moléculas. En el movimiento térmico desordenado de las partículas ya no puede hablarse de un estado estacionario ni, por lo tanto, tampoco de temperatura constante. La energía cinética media decisiva para el contenido de energía térmica de las partículas aisladas debe determinarse por el examen de un número de las mismas suficientemente grande. La energía cinética de una o de varias moléculas de un gas puede desviarse considerablemente de ese valor medio. Así pues, los sistemas tan pequeños no tienen un contenido de energía térmica constante.

verbales muy diferentes. Los enunciados esenciales de esta ley natural de importancia fundamental se exponen en lo que sigue.

En la formulación según la ecuación (12) se enuncia el hecho de que la máxima cantidad de trabajo, *dA,* que puede obtenerse en el caso más favorable, cuando fluye la cantidad finita de calor Q de un lugar de temperatura más alta a otro lugar de temperatura más baja, es tan pequeña que desaparece cuando no existe una diferencia finita de temperatura entre los dos lugares sino solamente una diferencia de temperatura infinitamente pequeña. A este resultado hemos llegado porque hemos utilizado para el transporte de la cantidad de calor Q una disposición ideal que funciona sin pérdidas, al menos en nuestro postulado, por lo cual el estado del gas durante la marcha del transporte de calor solamente experimentó variaciones transitorias y después de finalizar era el mismo que al principio. Como se sabe por experiencia que el calor sólo puede transportarse de un cuerpo más caliente a otro más frío y que, además, de ningún modo se produce por sí sola o libremente una diferencia de temperaturas, se deduce que en un sistema de temperatura uniforme, no puede, con la energía térmica contenida en él, hacerse funcionar ninguna máquina de manera que dicha energía retornara a su estado inicial después de un consumo de una cantidad de calor finita, Q, y en este proceso cíclico suministrar un trabajo finito. Sólo podrá obtenerse trabajo de este modo, con un ciclo de dicho tipo en que una máquina regrese periódicamente a su estado inicial, cuando la cantidad de calor por ella transportada haya pasado por una caída finita de temperatura en el sentido de la temperatura más alta a la más baja. En el sentido inverso es preciso emplear trabajo para poder poner en movimiento un transporte de calor de este tipo.

En todo caso hemos visto antes que la energía térmica puede transformarse íntegramente en energía mecánica por el proceso de expansión de un gas realizado en forma isotérmica y reversible. Sin embargo, en éste, el sistema empleado no regresa a su estado inicial cuando tampoco su contenido de energía total no experimenta ninguna variación. Se trata pues de un sistema *capaz de trabajo* que no sólo ha transformado energía térmica en mecánica sino que además, en este proceso, ha perdido su capacidad de producir trabajo, por lo que no es posible imaginar una máquina que funcione periódicamente sobre esta base. La capacidad de (producir) trabajo de dicho sistema sólo puede recuperarse, en el mejor de los casos, con el consumo del mismo trabajo que ha cedido previamente. El segundo principio puede tener por ello también la siguiente expresión. Si un proceso cualquiera examinado en conjunto como uno y exclusivo consiste en el transporte de una cantidad finita de calor, Q, desde un lugar de temperatura alta a otro de temperatura más baja, solamente podrá obtenerse una cantidad finita de trabajo cuando exista una diferencia finita de temperatura entre los dos lugares.

Así, si todos los objetos de nuestro medio se encontraran a la misma temperatura, sólo podría darse la posibilidad de transformación de esta reserva de calor (supongamos que ésta sea la exorbitante cantidad de calor almacenada en la masa de agua del océano) en otra forma de energía, si dispusiéramos de los sistemas correspondientes capaces de trabajo y que estuviesen en situación de transformar calor en trabajo. Sin embargo, todos los sistemas conocidos de este tipo solamente hacen esto hasta un grado que no está limitado por la reserva de calor sino por su propia capacidad de trabajo. Así pues, cuando hayamos aprovechado totalmente estas posibilidades, seremos incapaces de emplear útilmente cualquier resto de energía térmica que nos quede, por grande que sea, esto es, de transformarlo en otra clase de energía. Un *movimiento continuo o perpetuo de segunda clase,* en que continuamente se sustrajera calor del medio circundante y se tranformase en trabajo no está en contradicción con el primer principio de la Termodinámica. Solamente el segundo principio niega la posibilidad de su realización.

El calor ocupa así, pues, un lugar especial entre las formas de energía. Mientras que la energía mecánica y la energía eléctrica pueden transformarse en otras formas de energía libremente según nuestros cálculos y de conformidad con el primer principio (para lo cual solamente nos impone ciertas limitaciones la perfección mayor o menor de nuestros medios), en general no sucede lo mismo con la energía térmica. Esta energía solamente se puede transformar bajo ciertas condiciones y no libremente a nuestro arbitrio y, por ello, en el sentido energético, debe examinarse siempre por separado y no con las otras clases de energía que se transforman libremente.

El primer principio de la Termodinámica

Según el primer principio, el contenido de energía total, U, de un sistema, es constante cuando a éste ni se le añade ni se le sustrae energía. Según el segundo principio, no podemos disponer libremente del contenido de calor Q. Podemos, por ello, dar al primer principio la forma:

$$U = A + Q \tag{13}$$

en que A representa el contenido del sistema en *energía libre,* es decir, libremente transformable, y Q el contenido en *energía enlazada,* por la cual hay que entender en primer término la energía calorífica, que puede serle quitada sin sustracción ni adición de trabajo por enfriamiento hasta el cero absoluto.*

Consideradas rigurosamente, las tres magnitudes U, A y Q son relativas, es decir, dependen en cada caso del sistema de referencia elegido y no son accesibles a una medición absoluta. Lo que podemos determinar en un proceso cualquiera, sólo son siempre las variaciones que han experimentado los valores absolutos en particular. Convencionalmente se cuentan siempre estas variaciones como positivas cuando el sistema admite una cantidad de energía de cualquier clase. Toda cesión de energía entrará en el cálculo, por consiguiente, con signo negativo. En un proceso cualquiera se considera que se verifica en su estado inicial la ecuación $U_1 = A_1 + Q_1$ y en su estado final, la ecuación $U_2 = A_2 + Q_2$. Obtenemos por sustracción $(U_1 - U_2) = (A_1 - A_2) + (Q_1 - Q_2)$, o bien $\Delta U = \Delta A + \Delta Q$, es decir, lo que se cumple para los valores absolutos del contenido de energía, queda también en pie para sus variaciones. Por ello podemos sin inconveniente en relación con la validez de la ecuación (13) definir

$+U$ como aumento de la energía total del sistema
$+A$ como aumento de la energía libre del sistema
$+Q$ como aumento de la energía enlazada del sistema

y los valores negativos respectivos como sustracciones de las clases de energía correspondientes. En lo que se refiere a Q podemos limitarnos únicamente a la variación del contenido de calor, porque las otras formas de energía enlazada no pueden desempeñar ningún papel en los procesos químicos.

* En un estado análogo de transformabilidad condicionada, como la del calor, se pueden encontrar también otras formas de energía. Así, por ejemplo, la intensa energía potencial de la masa terrestre no es aprovechable con respecto al punto central de la Tierra.

Por consiguiente, el contenido total de energía de un sistema químico sólo puede experimentar una variación, puesto que únicamente puede ceder o tomar energía libre o calor.

En una variación cualquiera de un sistema podemos distinguir los siguientes casos extremos:

1. El sistema produce trabajo (o consume trabajo) sin que su contenido total de energía experimente una variación. En este caso es $U = 0$ y, por ello, $-A = +Q$ (o bien, $+A = -Q$), es decir, el trabajo cedido (o tomado) por el sistema es igual a la cantidad de trabajo tomada por él (o cedida). (Por ejemplo: expansión o compresión de un gas realizadas en forma isotérmica y reversible.)

2. Si impedimos en un proceso que el sistema cambie calor con el medio que le rodea, tendremos $Q = 0$, o sea, $-U = -A$ (o bien, $+U = +A$), esto es, el contenido total de calor del sistema, en el cual también se cuenta el contenido de calor, aumenta (o disminuye) en correspondencia con la cantidad de energía libre tomada (o cedida). (Ejemplo: calentamiento de un gas con compresión adiabática, o bien, enfriamiento de un gas con expansión adiabática).

3. Si, por último, se impide que el sistema cambie trabajo con el medio que le rodea, o sea, $A = 0$, obtendremos $+U = +Q$ o bien, $-U = -Q$. La variación del contenido total de energía es entonces igual a la cantidad de calor tomada o cedida. El cambio de trabajo del sistema con su medio solamente se impide por fijación de su volumen. Estos procesos se llaman isostéricos, *isócoros* (espacio igual) o isométricos. La energía total que puede liberarse en una reacción química puede por ello determinarse sencillamente por el número de cal. por reacción estequiométrica para una forma de trabajo isócoro (véase Vol. I, pág. 7).

La ecuación de Clausius-Clapeyron

La fórmula general (12) para el segundo principio de la Termodinámica podemos explicarla también en la siguiente forma. Q se dedujo del valor Q_1 del proceso cíclico examinado y representaba la cantidad de calor que el gas había tomado del recipiente I y que había transformado sin pérdida en la cantidad de trabajo: $Q_1 = A_1 = \mathbf{R}\,T \ln \frac{v_2}{v_1}$. Esta cantidad de calor, que ha sido tomada por un sistema concebido en transformación, sin elevar su temperatura, se designa en general por *calor latente* (calor adormecido o calor oculto). La ecuación (12) significa entonces que este calor latente de la expansión de gas realizada en forma isotérmica y reversible es igual al producto de la temperatura absoluta y del coeficiente de temperatura del trabajo máximo de este proceso:

$$Q = T \cdot \frac{dA}{dT}$$

Aparte de la expansión de un gas conocemos otros muchos procesos en los cuales se transforma el calor latente en trabajo. A ellos pertenece especialmente el proceso de evaporación. Se puede demostrar que la ecuación (12) se cumple también rigurosamente para estos casos. Consideremos 1 mol de cualquier líquido y admitamos que a T^0 posee la presión o tensión de vapor p. En la transformación íntegra de esta cantidad de líquido en vapor de presión p, puede obtenerse la cantidad máxima de trabajo $A_1 = p\,(v_g - v_{liq.})$ si v_g representa el volumen del gas y $v_{liq.}$ el volumen del líquido (medidos ambos a la presión p y a la temperatura T). En este proceso el sistema sometido a la transformación toma el calor de vaporización molar, latente, r.

Según el segundo principio, debe verificarse entonces

$$Q = r = T\frac{dA}{dT}$$

Para el cálculo de r necesitamos aún conocer el coeficiente de temperatura $\frac{dA}{dT}$ del trabajo máximo de nuestro proceso de expansión. La magnitud del mismo se obtiene por el examen de un proceso cíclico completamente parecido al que hemos estudiado. Enfriamos el sistema, manteniendo constante el volumen v_g, a la temperatura $(T - dT)$ y lo comprimimos, con condensación del vapor, hasta que se haya vuelto a transformar íntegramente al estado líquido. El trabajo empleado para ello será $A_2 = (p - dp) \cdot (v_g - v_{liq.})$, si $(p - dp)$ representa la presión o tensión de vapor del líquido a la temperatura $(T - dT)$. La diferencia entre el trabajo rendido y el aplicado será entonces: $A_1 - A_2 = dA = dp\,(v_g - v_{liq.})$. Por tanto, también podemos escribir:

$$\frac{dA}{dT} = \frac{dp}{dT}(v_g - v_{liq.})$$

y con ello se halla el coeficiente de temperatura buscado del trabajo máximo para cada presión o tensión de vapor de nuestro líquido. Si sustituimos en la fórmula anterior la expresión hallada, se obtiene la ecuación de Clausius-Clapeyron (1850):

$$r = T\frac{dp}{dT}(v_g - v_{liq.}) \tag{14}$$

cuya validez rigurosa se ha comprobado experimentalmente y que nos permite calcular el calor de vaporización molar de un líquido a partir del coeficiente de temperatura en función de su presión o tensión de vapor y de la diferencia de los volúmenes molares $v_g - v_{liq.}$

Al emplear la fórmula precedente hay que tener en cuenta en qué sistema de unidades se mide cada una de las magnitudes. En la forma indicada se verifica la fórmula cuando todas las magnitudes están medidas en el sistema cegesimal, o sea, r en ergios/mol · °K., T en °K., dp en dinas · cm^{-2} y $v_g - v_{liq.}$ en cm^3. Si medimos r en cal., dp en mm Hg y $v_g - v_{liq.}$ en cm^3, el segundo miembro de la ecuación debe multiplicarse por $2.3887 \cdot 10^{-8} \cdot 1330 = 3.1841 \cdot 10^{-5}$ (1 ergio = $2.3887 \cdot 10^{-8}$ cal.):

$$r = 3.1841 \cdot 10^{-5} \cdot T \frac{dp}{dT} (v_g - v_{liq.}) \text{ cal./mol} \cdot {}^\circ\text{K.}$$

En general se da r en cal., dp en atm. y $v_g - v_{liq.}$ en l. Al elegir estas unidades debe hacerse la sustitución correspondiente:

$$r = 24.2 \cdot T \cdot \frac{dp}{dT} (v_g - v_{liq.}) \text{ cal./mol} \cdot {}^\circ\text{K.}$$

En la aplicación práctica de la fórmula, en general se puede despreciar $v_{liq.}$ en relación a v_g (a presión baja) y sustituir $v_g = \frac{\mathbf{R}\,T}{p}$ (ecuación de estado para los gases ideales). Se obtiene entonces:

$$\frac{dp}{dT} = \frac{r \cdot p}{24.19 \cdot \mathbf{R} \cdot T^2} \tag{14a}$$

donde están expresados r en cal. y p en atm., y $\mathbf{R}$ se sustituye por el valor 0.08206. En esta forma nos ha de prestar más adelante un servicio útil la ecuación de Clausius-Clapeyron (págs. 81 y 84).

La ecuación de Thomson

La energía eléctrica que puede suministrar como máximo una fuente o generador de corriente se calcula según el tomo I, página 39, por: $A_{max.} = \text{f.e.m.} \cdot I \cdot t$, es decir, por el producto de su f.e.m. y de la cantidad de electricidad que podemos sustraerle. En toda fuente de corriente electroquímica, durante la liberación de corriente por los elementos galvánicos o *pilas*, como también se llaman, se suceden procesos que transcurren libremente, es decir, en general se produce una reacción química. La transformación de los compuestos reaccionantes, por la cual surge la energía eléctrica del elemento galvánico, también se puede dejar marchar como pura reacción química y llegar así al mismo estado final que aparece después de la entrega o producción de corriente. En lugar de energía eléctrica, se produce entonces cierta cantidad de calor en la reacción considerada, el cual se llama calor de reacción. M. Berthelot (1864) y W. Thomson (1851) expusieron la hipótesis de que las dos cantidades de energía, que, una vez por pura transformación química de los cuerpos reaccionantes y otra por un proceso que en resumen era igual al de obtener energía eléctrica en una cadena galvánica, deberán ser equivalentes entre sí. En muchos casos esto se ha podido confirmar realmente.

Para la comprobación de este principio examinamos un elemento galvánico sencillo, y precisamente la pila de Daniell. Esta pila puede fabricarse de formas muy diferentes. Fundamentalmente consta siempre de dos metales distintos sumergidos en soluciones de sus sales separadas entre sí. La disposición ordinaria consiste en un electrodo de Cu, sumergido en una solución de $CuSO_4$ y un electrodo de Zn, sumergido en una solución de $ZnSO_4$. En la forma industrial del elemento se ha de tener en cuenta especialmente el modo de impedir en el mayor grado posible la mezcla de las dos soluciones que están en contacto directo. Por ejemplo, se elige una solución saturada de $CuSO_4$ y se cubre ésta con una solución menos densa de $ZnSO_4$ de forma que la convección se haga más difícil por la distinta densidad de ambos electrólitos, o se separan las dos soluciones por un cilindro de barro o un tabique porosos (diafragma), como se representa esquemáticamente en la figura 2. Para evitar la corriente en el diafragma las soluciones deben tener al mismo nivel igual densidad.

Si conectamos a los dos polos, el polo de cobre P_1 y el polo de cinc P_2, un voltímetro de resistencia interna suficientemente alta, éste indicará como f.e.m. de la pila 1.1 V aproximadamente y en ella el cobre aparecerá cargado positivamente en relación al cinc. Si cerramos el circuito entre los polos del elemento con una resistencia, R fluirá por ella, en el sentido del polo de Cu al polo de Zn, una corriente eléctrica cuya intensidad dependerá de la resistencia elegida (de su número de ohmios) y de la capacidad de carga de nuestro elemento (de la variación de su tensión en los bornes al aumentar la intensidad de la corriente). La misma intensidad de corriente circulará también en el interior de la pila por los dos electrólitos en contacto, pero aquí, sin embargo, en sentido inverso, o sea del cinc al cobre. El conjunto de la disposición representa así un circuito eléctrico cerrado, en el que el elemento galvánico puede ser considerado también como una célula electrolítica en la que se realiza una electrólisis por la acción de la corriente suministrada por él mismo. Como puede verse por el sentido de la corriente, en la circulación de ésta hay que considerar como ánodo al cinc cargado negativamente, puesto que a él afluyen desde el electrodo de Cu sus cargas positivas y de él parten de nuevo hacia el electrólito. El cinc pasa con ello a la solución en forma de iones $Zn^{\cdot\cdot}$ se-

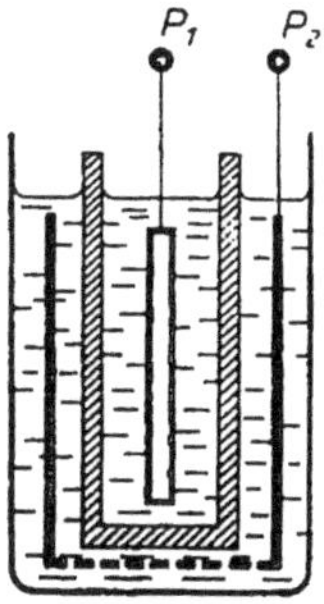

FIG. 2. Elemento (pila) de Daniell.

gún la ley de Faraday: $Zn + 2\oplus \rightarrow Zn^{\cdot\cdot}$. Sobre el electrodo de Cu aparecen en el flujo de corriente sus iones $Cu^{\cdot\cdot}$ que se descargan de la solución de $CuSO_4$ y se depositan en ese electrodo, que trabaja como cátodo, en forma de Cu metálico: $Cu^{\cdot\cdot} + 2\ominus \rightarrow Cu$. Las dos cargas negativas afluyen al electrodo de Cu desde el de Zn por la resistencia R.

De la formulación de ambos procesos en los electrodos se deduce que por cada mol de cinc que ha pasado a la solución y de Cu depositado, respectivamente, debe fluir en el circuito de corriente de la pila, cerrado por la resistencia R, la cantidad de electricidad de 2 **F** (= 2 · 96 500 A-seg.). La reacción total que se ha realizado en el elemento, se obtiene sencillamente por la suma de las reacciones parciales formuladas antes:

$$Zn + Cu^{\cdot\cdot} = Cu + Zn^{\cdot\cdot}$$

o escrita en la forma química idéntica, por:

$$Zn + CuSO_4 = Cu + ZnSO_4$$

La descomposición de una reacción química ordinaria en dos de estas reacciones parciales que se verifican separadas espacialmente entre sí, con formación o descarga de iones y con liberación de energía eléctrica, es característica de todos los elementos galvánicos.

También podemos dejar que la reacción total, que constituye la base de la pila Daniell, se verifique libremente por camino químico, para lo cual introducimos Zn en solución de $CuSO_4$, es decir, dejamos que actúen directamente los cuerpos reaccionantes que en el elemento están separados. De este modo, se deposita Cu sobre el Zn y pasa a la solución una cantidad equivalente de Zn. La energía química intrínseca de la reacción aparece aquí como una determinada cantidad de calor por cada mol de la reacción estequiométrica, el llamado calor de reacción. Este se ha hallado en el calorímetro que es $U = 50\,130$ cal. y, según la hipótesis de Thomson, deberá ser igual a la energía eléctrica suministrada por cada mol de Zn transformado o bien de Cu depositado. Así pues, se debe tener:

$$U = \text{f.e.m.} \cdot n \cdot \mathbf{F} \qquad (15)$$

si n representa la valencia electroquímica del proceso, esto es, el número de equivalentes electroquímicos (**F**) que se encuentra en el curso de cada reacción estequiométrica, que en nuestro ejemplo es = 2. Estamos ahora en disposición de calcular, con la ayuda de la ecuación de Thomson, la f.e.m. de la pila Daniell a base del tono térmico o calor de reacción de la reacción química que en él se ha producido y así obtenemos:

$$\text{f.e.m.} = \frac{50\,130 \cdot 4.18}{2 \cdot 96\,500} = 1.088\ \text{V}$$

en cuyo cálculo hemos tenido en cuenta el factor 4.18, puesto que aquí debe expresarse la cantidad de calor en medidas eléctricas, o sea en vatios-segundo (1 Cal. = 4.18 vat.-seg.).

El valor calculado concuerda bastante bien con la f.e.m. del elemento Daniell, antes citada, de ca. 1.1 V. También en otros muchos elementos galvánicos se comprueba que la ecuación en general se cumple con suficiente exactitud. Por este motivo Berthelot llegó a creer que había encontrado un principio general *(Principio del trabajo máximo)*, según el cual, el máximo trabajo eléctrico que podía suministrar un elemento galvánico procedía solamente de la energía química de la reacción química que en él se realizaba. Como una reacción que se produce por sí misma electroquímicamente con desprendimiento de energía, es decir, sin nuestra acción, en un sentido determinado, no puede verificarse en sentido opuesto si el curso es puramente químico, según el primer principio, esto se interpretó como si las únicas reacciones libremente posibles en un sistema sólo pudieran ser las *exotérmicas,* es decir, las que se producen con desprendimiento de calor. Las reacciones *endotérmicas,* esto es, las que absorben calor del medio, no debían producirse en cambio nunca por sí solas, sino que sólo podrían imponerse regularmente por un consumo de trabajo.

La ecuación de Gibbs-Helmholtz

Por nuestras consideraciones acerca del rendimiento de trabajo en la variación de volumen de los gases se deduce ya que el principio de Berthelot no puede ser considerado de validez general para todos los procesos de la naturaleza. Como ya hemos visto, al expansionarse un gas toma calor cuando suministra trabajo. Este proceso es sin ninguna duda libre y endotérmico. Las reacciones químicas parecerían ocupar según esto un lugar especial. Además, la detallada comprobación teórica y experimental ha permitido ver la imposibilidad de la ecuación de Thomson y del principio basado en ella en el caso de los procesos químicos. Se demostró que de modo absolutamente general todos los procesos naturales que se verifican libremente pueden suministrar trabajo y que de los procesos naturales imaginables, es decir, también por tanto de todas las reacciones químicas que aparecen como posibles, siempre se producen automáticamente sólo aquellos en cuyo curso se puede obtener trabajo (aunque también a veces con velocidad pequeña, imposible de medir), indiferentemente de que se desprenda o se absorba calor. En todo proceso natural que se verifica por sí mismo (sin consumo de trabajo) se desprende por ello regularmente la energía libre y sólo se llega realmente a un estado de reposo cuando el sistema de ninguna forma puede desprender más energía libre.

Si un elemento galvánico rinde el trabajo A, su contenido de energía total habrá variado, según el primer principio, en la cantidad: $-U = -A - Q$, es decir, la cesión de energía total es igual a las cantidades desprendidas de energía libre y energía enlazada. Por el segundo principio sabemos que el aumento del contenido de energía libre por cada grado de elevación de temperatura, $\frac{dA}{dT}$, es igual a la cantidad de calor Q absorbida por el sistema en que ocurre el proceso con el rendimiento de trabajo A, dividida por la temperatura absoluta T.

$$Q = \frac{dA}{dT} \cdot T$$

Si sustituimos esta ecuación en la del primer principio y en ella tenemos en cuenta que Q ha sido *tomado* por el sistema, cuando éste *cede* el trabajo A (por lo que A debe ir precedido de signo negativo y Q de signo positivo) obtenemos:

$$-U = -A + \frac{dA}{dT} T \tag{16a}$$

o bien:

$$U = A - \frac{dA}{dT} T \tag{16}$$

La energía libre, o el trabajo A, que puede rendir como máximo cualquier proceso natural y que especialmente un elemento galvánico puede suministrar en forma de energía eléctrica en el caso más favorable, difiere de modo absolutamente general, según esta ecuación dada primeramente por W. Gibbs (1878) y H. Helmholtz (1882), de la variación de energía total del sistema en la cantidad $T\frac{dA}{dT}$. No siempre puede admitirse que este valor es despreciable. Antes bien, debe investigarse siempre en primer lugar si la capacidad de trabajo del sistema depende de la temperatura. Sólo cuando no sucede esto, o sea si se trata de un proceso *atérmico* en el cual $\frac{dA}{dT} = 0$, se puede considerar $A = U$ y utilizar la ecuación de Thomson sin ningún reparo. El proceso de esta clase realizado de modo isotérmico y reversible transcurre entonces sin tomar ni ceder ninguna cantidad del calor latente. Si en cambio el coeficiente de temperatura del trabajo máximo, $\frac{dA}{dT}$, tiene un valor positivo, también será positivo el miembro $T \cdot \frac{dA}{dT}$, es decir, con rendimiento de trabajo el sistema absorbe calor. Se trata, así pues, de un proceso endotérmico en el cual hubimos de basar la ecuación (16*a*) y, por consiguiente, se obtuvo: $A = U + T \cdot \frac{dA}{dT}$. El trabajo máximo que puede suministrar un proceso endotérmico excede, por tanto, a la liberación de energía total del sistema en la cantidad $T \cdot \frac{dA}{dT}$. Por el contrario, en el curso exotérmico $T \cdot \frac{dA}{dT}$ debe ser negativo, con lo cual $-U = -A - T \cdot \frac{dA}{dT}$ o también $A = U - T \cdot \frac{dA}{dT}$. Aquí vuelve a quedar el trabajo máximo por debajo de la pérdida de energía total del sistema, en la cantidad $T \cdot \frac{dA}{dT}$, es decir, no solamente se ha suministrado trabajo sino que inevitablemente se ha transferido además al medio el calor latente $T \cdot \frac{dA}{dT}$.

La determinación directa de estos calores latentes que toma o cede una pila galvánica en su funcionamiento, resulta difícil. Para ello debemos proceder a su descarga con intensidad de corriente extraordinariamente pequeña y observar en el calorímetro su cambio de calor con el medio durante el tiempo de descarga consiguientemente largo. Esto naturalmente da origen a muchas posibilidades de error. El trabajo máximo se puede determinar en cambio muy fácilmente. Se calcula sencillamente por el producto de la f.e.m. del elemento y la cantidad de electricidad que puede sustraérsele. Esta última, en la transformación de 1 Val de las sustancias activas en ambos electrodos es igual a 1 **F** según la ley de Faraday, o sea constante e independiente de la temperatura.

La variación de la capacidad de trabajo con la temperatura se traduce única y exclusivamente en la f.e.m. Por ello también ofrece poca dificultad experimental la medición del coeficiente de temperatura del trabajo máximo de una pila galvánica. Para ello sólo necesitamos determinar su f.e.m. a dos temperaturas próximas y se obtiene así, inmediatamente:

$$\frac{dA}{dT} = \frac{(\text{f.e.m.}_2 - \text{f.e.m.}_1) \cdot n \cdot \mathbf{F}}{T_2 - T_1} = \frac{d\text{f.e.m.}}{dT} n \, \mathbf{F} \qquad (17)$$

en que el subíndice 2 se refiere a la medición a la temperatura más alta y el subíndice 1 a la realizada a la temperatura más baja.

En el examen minucioso de las distintas fuentes de corriente galvánica se encuentra que pueden darse tres posibilidades: al elevar la temperatura la f.e.m. puede aumentar, disminuir o permanecer invariable. Así, $\frac{dA}{dT}$ puede ser positivo, negativo o cero. Según la ecuación de Gibbs-Helmholtz, sólo se obtiene que la energía eléctrica máxima o libre de un elemento galvánico es igual a su energía total liberada U cuando su f.e.m. es independiente de la temperatura. La energía total liberada, U, no es, por lo tanto, otra cosa que el tono de calor que hallamos en el curso isócoro o isométrico de la reacción química fundamental en el elemento. En muchos casos, y también aquí en la pila Daniell, la f.e.m. es en realidad prácticamente independiente de la temperatura, por lo que la ecuación de Thomson sigue siendo válida. Sin embargo, los elementos cuya f.e.m. aumenta al elevar la temperatura $\left(\frac{dA}{dT} \text{ positivo}\right)$ no solamente transforman en electricidad el tono térmico o calor de reacción de la que en ellos se produce, sino que, además, todavía en la descarga, isotérmica y reversible, transforman en energía eléctrica la cantidad de calor procedente del medio que les rodea. Por otro lado, los elementos cuya f.e.m. disminuye al elevar la temperatura $\left(\frac{dA}{dT} \text{ negativo}\right)$ durante una descarga semejante ceden siempre una cantidad de calor determinada, por lo que su f.e.m. desciende más, como era de esperarse según la ecuación de Thomson.

Pilas galvánicas reversibles (acumuladores)

En la comprobación experimental siempre se ha demostrado que se unifica rigurosamente la ecuación de Gibbs-Helmholtz. En todo caso debe señalarse que su confirmación, en correspondencia con la deducción dada, sólo puede esperarse en las pilas que trabajan reversiblemente. La marcha reversible de cada uno de los procesos en los electrodos y, por consiguiente, del proceso total en un elemento galvánico puede fallar por diversas causas.

En el elemento Daniell es posible una difusión de iones $Cu^{\cdot\cdot}$ en la solución de sulfato de cinc. Los iones $Cu^{\cdot\cdot}$ que de este modo llegan a ponerse en contacto directo con el electrodo de cinc reaccionan con éste, según la ecuación: $Cu^{\cdot\cdot} + Zn = Cu + Zn^{\cdot\cdot}$, por lo cual en lugar de energía eléctrica se genera el calor de reacción química. Si sustraemos al elemento una cierta cantidad de electricidad, sólo podemos hacer que desaparezcan las variaciones reversibles que en él se presentan por ello si enviamos por el elemento en sentido contrario la misma cantidad de electricidad, para cuyo efecto ya no bastaría proporcionar el mismo trabajo eléctrico que antes. En realidad se necesitará solamente un incremento adicional de tensión, tan pequeño que es insignificante para vencer la f.e.m. del elemento y, con ello, originar el curso de reacción inverso. Con esta *sobrecarga,* por cada 2 **F** de cantidad de electricidad enviada sobre el electrodo de Cu pasa a la solución 1 mol de Cu y sobre el electrodo de Zn se deposita un mol de Zn. Sin embargo, al mismo tiempo en esta electrólisis emigran iones $Cu^{\cdot\cdot}$ por el diafragma a la solución de $ZnSO_4$ y reaccionan entonces directamente en el electrodo de Zn en la misma forma que los que allí se encuentran por difusión. Ambos procesos conducen a depositación irreversible de Cu sobre el electrodo de Zn, pudiendo ser estorbados en gran medida (como intercalando un electrólito extraño que actúa de intermediario entre las soluciones de $CuSO_4$ y $ZnSO_4$) de modo que pueda realizarse prácticamente la marcha reversible de los procesos que se producen en la pila, con la aproximación deseada. Las reacciones secundarias mencionadas no tienen, además, como puede verse fácilmente, ninguna influencia directa sobre la f.e.m. del elemento, por lo que ésta concuerda muy exactamente con el valor teórico.

La demostración de que una pila o un electrodo aislado puede trabajar reversiblemente puede obtenerse, en general, comprobando si las reacciones que aparecen en la sustracción de corriente pueden hacerse retroceder de nuevo en todo su alcance por inversión de la corriente y si las tensiones de carga y descarga pueden estar tan cerca como se quiera de la f.e.m. del elemento por una reducción suficiente de las intensidades de las corrientes de carga y de descarga. Así como la expansión isotérmica de un gas puede efectuarse en realidad en forma completamente reversible, también sucede, naturalmente lo mismo en la generación de corriente galvánica. La única condición previa para la validez de la ecuación de Gibbs-Helmholtz es siempre la demostración de que no existe ningún impedimento básico para el desarrollo reversible del proceso en cuestión.

Toda pila galvánica en la que pueda ser confirmada su capacidad reversible representa al mismo tiempo lo que entendemos como *elemento secundario,* o *acumulador.* Si bien los requisitos industriales a que ha de sujetarse un elemento de este tipo no llegan a una rigurosa reversibilidad en el sentido teórico, por lo menos debe garantizarse, sin embargo, que el elemento después de su descarga, o sea después de sustraerle su energía eléctrica, vuelva de nuevo a su estado inicial por una carga, esto es, por adición de una cantidad de energía eléctrica, aunque sea más grande, y de este modo quede de nuevo en condiciones de ceder la misma cantidad de electricidad que pudo suministrar antes. Un acumulador es, por lo tanto, un depósito de reserva de energía eléctrica regenerable por simple sobrecarga (elemento *reversible*) que nos permite almacenar por algún tiempo esta forma de la energía libre, cuyo empleo es particularmente cómodo, para tenerla a nuestra disposición en caso necesario.

El hecho de que no se conozca ningún otro sistema mediante el cual pueda almacenarse una cantidad igualmente grande de energía eléctrica por unidad de peso, explica la enorme importancia práctica de esta fuente de energía.

La cantidad de electricidad (en general calculada en amperios-hora, abrev. A-h), que un elemento galvánico recién construido o un acumulador cargado, puede ceder hasta que su *tensión de trabajo* o *tensión de descarga* (= tensión en los bornes cuando trabaja una determinada intensidad de corriente de descarga) desciende a un valor determinado que ya prácticamente no sea utilizable (*tensión última*), se llama su contenido de carga o sea su *capacidad*. La cantidad de energía que el acumulador suministra en vatios-hora (W-h) se obtiene por el producto de esta capacidad en A-h y la tensión de trabajo media. El número de los A-h que hay que cargar en el acumulador descargado para su regeneración se designa como su *cantidad de corriente de carga*. El *grado de actividad* en A-h (simplemente: grado de actividad) se define entonces por: grado de actividad en A-h $= \frac{\text{Capacidad}}{\text{Cantidad de corriente de carga}}$; el grado de actividad en W-h (llamado también *efecto útil*), por la relación: grado de actividad en

$$\text{W-h} = \frac{\text{Capacidad} \cdot \text{Tensión de descarga media}}{\text{Cantidad de corriente de carga} \cdot \text{Tensión de carga media}}$$

En una reversibilidad ideal el grado de actividad lo mismo en A-h que en W-h debe ser = 1, ó, si se da esta magnitud en porcentaje, como suele hacerse en general, debe ser igual a 100%.

Como elemento secundario de mayor importancia industrial citaremos aquí el acumulador de plomo. Representa a la vez el elemento galvánico mejor estudiado tanto desde el punto de vista químico como del energético. El proceso total que en él tiene lugar viene dado por la ecuación:

$$PbO_2 + Pb + 2\,H_2SO_4 \rightarrow 2\,PbSO_4 + 2\,H_2O$$

Esta transformación química se verifica en la descarga en el sentido de la flecha y en la carga en el contrario. En el primer caso, con una intensidad suficientemente pequeña de la corriente de descarga, suministrará la cantidad máxima de trabajo eléctrico $A = 2\,\mathbf{F} \cdot$ f.e.m. = 386 000 W-seg. por cada reacción estequiométrica, con una densidad de corriente de 1.15 (f.e.m. = 2.00 V). Esta cantidad de trabajo representa así la energía libre de la reacción que se produce con ácido sulfúrico de $d = 1.15$, en la cual reaccionan 2 Val de PbO_2 en el electrodo del polo positivo y 2 Val de Pb en el electrodo del polo negativo, con 2 Val de H_2SO_4, por cada lado, para formar $PbSO_4$ y H_2O, de modo que correspondientemente circulará la cantidad de electricidad de 2 $\mathbf{F}$ en el circuito eléctrico cerrado del elemento.

Se ha demostrado que el proceso inverso, es decir, la carga del acumulador de plomo, con una intensidad de corriente de carga suficientemente pequeña, sólo necesita un pequeño exceso de la tensión sobre la f.e.m. Se trata pues aquí, como en el elemento Daniell, de un sistema capaz de trabajar en forma reversible, al cual puede aplicarse la ecuación de Gibbs-Helmholtz.

Las tres magnitudes U, A y $\frac{dA}{dT}$ de esta ecuación dependen todas en este caso de la concentración del ácido sulfúrico en el cual se produce el proceso total mencionado. Para la medición de la variación de energía total U, habría que determinar el calor de reacción en la marcha puramente química con una gran cantidad de solución de ácido en exceso, con lo cual, aparte del calor, no podría producirse ninguna clase de energía, y se mantendría constante la concentración del ácido, esto es, ésta no variaría apreciablemente por la cantidad de H_2SO_4 consumido en la ecuación de la reacción. Este problema termoquímico ha podido resolverse experimentalmente por un camino que no detallamos aquí. En la tabla 1 se dan los valores de U para tres concentraciones de H_2SO_4.

La energía total de la reacción disminuye, pues, al aumentar la densidad del ácido, lo que se explica por el hecho de que en las soluciones diluidas además del calor de reacción hay que tomar también en cuenta el calor de dilución del ácido sulfúrico, que no es insignificante. Según la ecuación de Thomson, la f.e.m. del acumulador de plomo, al

TABLA 1

Variación de la energía total, U (por reacción estequiométrica) y f.e.m. del acumulador de plomo, así como su coeficiente de temperatura, $\frac{df.e.m.}{dT}$*, en función de la concentración del ácido a 15° C.*

Concentración, del ácido		U cal.	F.e.m. medida, V	$\frac{df.e.m.}{dT}$ medida, V/°C.	F.e.m. calculada a partir de U, según Thomson, V	F.e.m. calculada según Gibbs-Helmholtz, V
Val/l	Densidad					
0.02	1.0006	89900	1.66	— 0.001	1.95	1.66
1.4	1.044	87700	1.895	0	1.90	1.90
4.9	1.15	87200	2.00	+ 0.0004	1.89	2.005

aumentar la concentración del ácido en él contenido debería disminuir en el mismo porcentaje con que disminuye el tono térmico o calor de reacción, U, del proceso total (= energía química) y, por ejemplo, para H_2SO_4 a 0.02 N, debería calcularse por:

$$\text{f.e.m.} = \frac{U}{n \cdot \mathbf{F}} = \frac{89\,900 \cdot 4.18}{2 \cdot 96\,500} = 1.95 \text{ V (véase pág. 23)}$$

En realidad, la f.e.m. medida aumenta al aumentar la concentración del ácido, como puede verse en la tabla, y para H_2SO_4 a 0.02 N sólo es de 1.66 V. Solamente con la densidad del ácido sulfúrico igual a 1.044 concuerda la f.e.m. calculada según Thomson con la f.e.m. medida y, sin embargo, para ácido más fuertemente diluido se obtienen valores demasiado altos de la f.e.m. y para ácido concentrado, demasiado bajos.

La ecuación Gibbs-Helmholtz nos conduce con dicho ácido de densidad 1.044 al mismo resultado que la de Thomson, porque en este caso $\frac{d\text{f.e.m.}}{dT}$ es en realidad $= 0$ y, por lo tanto, también es $\frac{dA}{dT} = 0$ y $A = U$. Por lo tanto, sólo con esta concentración del ácido se transforma íntegramente la energía química U del sistema en energía eléctrica libre. Con una densidad de ácido más baja se producirá una disminución de la f.e.m. al aumentar la temperatura y dicha f.e.m. será justamente con H_2SO_4 a 0.02 N de 0.001 V por cada 1° C. El coeficiente de temperatura, $\frac{d\text{f.e.m.}}{dT}$, tiene, por consiguiente, signo negativo para un acumulador cargado con ácido de esta densidad y la energía química U en la descarga no solamente se transforma en energía eléctrica sino además, en cierta porción, en la cantidad de calor latente $T\frac{dA}{dT}$. Para $T = 288°$ K. obtenemos a partir de las ecuaciones (16*a*) y (17):

$$A = \text{f.e.m.}\, n \cdot \mathbf{F} = U + T \cdot \frac{d\text{f.e.m.}}{dT} \cdot n \cdot \mathbf{F} \qquad (18)$$

$$\text{o bien: f.e.m.} = \frac{U}{n\,\mathbf{F}} + \frac{d\text{f.e.m.}}{dT}\,T \qquad (19)$$

$$\text{f.e.m.} = 1.95 - 0.288 = 1.66 \text{ V}$$

Este valor concuerda exactamente con el medido en esta concentración de ácido.

Para la densidad de ácido más alta, 1.15, que es parecida a la que se emplea en el funcionamiento práctico de los acumuladores, se produce en cambio un aumento de la f.e.m. al aumentar la temperatura, por lo que el cociente diferencial $\frac{d\text{f.e.m.}}{dT}$ resulta positivo. El sistema no solamente transforma entonces la energía química U en energía eléctrica en la descarga, sino también además la cantidad de calor latente $T \cdot \frac{dA}{dT}$ que afluye a él del exterior, así que su f.e.m. resulta ser más alta en la cantidad correspondiente a esta adición:

$$\text{f.e.m.} = \frac{U}{n \cdot \mathbf{F}} + T \frac{d\text{f.e.m.}}{dT}$$

$$\text{f.e.m.} = 1.89 + 288 \cdot 0.0004 = 2.005 \text{ V}$$

un valor que igualmente concuerda bien con la f.e.m. medida en ácido de esta concentración.

El proceso generador de corriente se verifica así pues en el elemento de plomo exotérmicamente, atérmicamente o endotérmicamente, según la densidad del ácido. En los tres casos vemos que se confirma bien la ecuación de Gibbs-Helmholtz. Su validez ha podido ser comprobada también en otros muchos elementos galvánicos en tanto éstos resulten capaces de reversibilidad y, entre ellos, también en forma interesante, aquellos en los que su f.e.m. sólo sea adjudicable al calor latente y la energía total no quede sólo invariable, como en el rendimiento de trabajo de los gases, sino que incluso experimente de hecho una adición en la descarga (o sea, al ceder libremente energía). En cambio, en estos casos la ecuación de Thomson no solamente da valores inexactos de la f.e.m. sino también una polaridad invertida del elemento.

CAPITULO II

TEORIA DE LAS SOLUCIONES

La presión de difusión

Para la medición de la presión bajo la cual se encuentra un gas, es decir, para la determinación de la fuerza ejercida por el gas encerrado en un recipiente, sobre 1 cm^2 de la pared de éste, deben cumplirse tres condiciones: la pared ha de ser impermeable al gas, libremente móvil frente a las fuerzas que se miden y además deberá separar al gas de un espacio en el que domine una presión conocida o (en una medición absoluta) una presión igual a 0, o sea, el vacío. Estas tres condiciones se satisfacen en el conocido barómetro de mercurio en el que se ha elegido como *pared* una columna de mercurio que se mueve libremente frente a la fuerza de gravedad.

Todos los gases tienen tendencia a dilatarse ilimitadamente y mezclarse homogéneamente entre sí. Se desconoce un límite de fases, o interfase, entre sustancias en forma gaseosa. Por el contrario, hay líquidos miscibles entre sí en forma limitada o inmiscibles (por ejemplo, Hg, aceite, agua). Cuando introducimos dos o más gases en un recipiente común, éstos se penetran mutuamente hasta tanto que llenan uniformemente el espacio, por lo cual la concentración de cada uno de los gases se hace constante en todos los puntos del interior del recipiente. Como en la expansión de un gas sin trabajo, se trata en este proceso de la mezcla mutua de los gases de un proceso irreversible que solamente puede hacerse retroceder con gasto de trabajo.

Si queremos medir la presión de difusión con la cual tiende a difundirse un componente *B* de una mezcla de dos gases *A* y *B* en otra cantidad puramente de la especie de gas *A* (fig. 3) hemos de separar los espacios ocupados por la mezcla gaseosa y el gas puro *A*, $\mathfrak{A} + \mathfrak{B}$ y $\mathfrak{A}$, respectivamente, por una membrana *semipenetrable* o *semipermeable* que sólo pueda ser atravesada por el gas *A* y sea impermeable al gas *B*. El experimento da por resultado que esta presión de difusión es igual a la presión parcial p_B del gas *B* en la mezcla gaseosa. Por tanto, la presión del gas *A*, en el espacio $\mathfrak{A}$ es igual a la presión parcial del gas *A* en la mezcla $A + B$ y, por consiguiente, su concentración en ambos espacios es de igual magnitud.

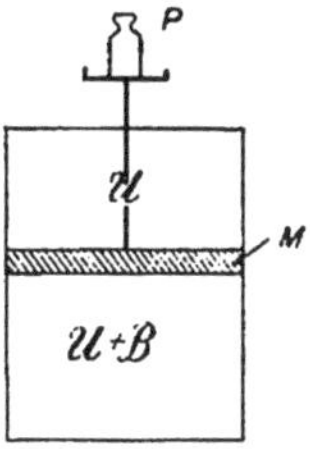

Fig. 3. Presión de difusión.

La medición práctica de estas presiones de difusión tropieza con dificultades desproporcionadamente mayores que las que se encuentran en la medición mencionada de las presiones gaseosas corrientes, porque la pared de separación utilizada no sólo ha de satisfacer los tres requisitos citados sino que además ha de ser semipermeable. La mayoría de las sustancias de que se dispone para la preparación de estas membranas semipermeables no son completamente impermeables para una de las especies gaseosas ni por completo permeables para el otro gas, sino que más bien permiten el paso de cada uno de los gases en distinta proporción. Es cierto que la tendencia a la difusión de los gases se puede demostrar magníficamente mediante membranas de este tipo incompletamente semipermeables (por ejemplo, la presión sube muy rápidamente en un cilindro de barro poroso cerrado, provisto de manómetro y lleno de aire, cuando se introduce en una atmósfera de H_2 o de gas del alumbrado), pero, sin embargo, la medición suficientemente exacta de la presión de difusión requiere una membrana de separación que llegue lo más cerca posible a las condiciones ideales.

Para grandes exigencias, el número de las sustancias a nuestro alcance que cumplen el requisito de semipermeabilidad suficiente es muy reducido. Para el hidrógeno, por ejemplo, tiene buena permeabilidad una delgada lámina de platino o de paladio a elevada temperatura, mientras que para otros gases, que no sean solubles en estos metales, el camino por este material de separación está completamente cerrado. Por ello se puede determinar con relativa facilidad la presión parcial del hidrógeno en una mezcla gaseosa, a cuyo fin se dispone un recipiente de lámina de platino en forma de pera, provisto de un apéndice tubular y de un manómetro, en el que se hace el vacío y se observa luego la presión gaseosa que se establece en el recipiente y que finalmente llega a ser constante, cuando entra en él el H_2. Esta es entonces la presión parcial que se busca del H_2 en la mezcla gaseosa. Membranas semipermeables no tan buenas son las de goma de caucho, que el CO_2 atraviesa con relativa facilidad y por las que pasan menos fácilmente el H_2 y otros gases, o papel de filtro mojado en agua y tensado entre redes metálicas; a través de estas membranas pasan con bastante rapidez los gases muy solubles en agua, por ejemplo NH_3, y, en cambio, sólo muy lentamente los que se disuelven muy poco en el agua.

En general puede decirse que toda sustancia sólida o líquida que puede disolver bien a un gas determinado y, en cambio, mucho menos fácilmente a los otros gases de que se trata, es siempre apropiada como material para una membrana semipermeable que esté más o menos cerca de la ideal. Esta sustancia será bien permeable para el gas soluble, porque puede absorber de éste cantidades esencialmente más grandes que del gas poco soluble, y transportarlas por consiguiente. Como de este modo no existe dificultad fundamental para preparar membranas semipermeables, siempre se puede contar teóricamente con su existencia.

La presión osmótica

En las soluciones se pueden hacer consideraciones parecidas a las que acaban de mencionarse en lo que se refiere a mezclas gaseosas. De todos modos, las relaciones en las sustancias sólidas y líquidas son esencialmente distintas porque la presión ejercida por éstas sobre sus límites de fases, o interfase, satisfacen a la ecuación de estado, como sabemos que se cumple en las fases gaseosas. Todo líquido que ocupa un espacio a su disposición con su *volumen propio* (volumen bajo su propia tensión o presión de vapor) actúa, sobre las paredes del recipiente, aparte únicamente de su presión hidrostática que se debe a la fuerza de gravedad, con su presión de vapor, que depende de la temperatura en cada caso. Esta presión se produce por el vapor saturado de líquido que llena el espacio que queda encima de su propio volumen. En las sustancias líquidas y sólidas y en general en *sistemas condensados,* es decir, también en las soluciones, no existe tendencia general a llenar homogéneamente el espacio asignado, como la que manifiestan los gases en forma de presión. Las moléculas de esos sistemas no se sustraen como las de los gases a la atracción mutua, sino que se mantienen unidas por intensas fuerzas de atracción, de modo que para su separación del conjunto ligado hay que emplear el trabajo correspondiente a la fase (calor de evaporación) y su movimiento térmico se manifiesta entonces como presión sobre las paredes del recipiente sólo cuando el espacio asignado es más pequeño que su volumen propio.

Mientras que la tendencia a la difusión de cada uno de los gases de una mezcla gaseosa (fase mixta en forma gaseosa) se hace apreciable en su límite de fase (interfase) y la presión total allí ejercida es igual a la suma de las presiones de difusión de cada uno de los componentes, en las *fases mixtas condensadas* (soluciones) no se produce esto. Antes bien, para la separación de cada componente de una solución se necesita regularmente, como para la de las moléculas del propio disolvente, un cierto gasto de trabajo, por lo que aquí también, al igual que en los líquidos puros, no actúa sobre el límite de las fases ninguna fuerza de presión basada en el movimiento térmico de las partículas del líquido, en tanto que no se halle restringido su volumen propio. Tampoco en este caso se puede descomponer o distribuir la presión total bajo la cual se encuentra la solución en las presiones parciales de cada uno de los componentes a la manera sencilla de en las mezclas gaseosas. Al igual que en las mezclas gaseosas se produce en las fases mixtas condensadas una difusión de los componentes que se debe al movimiento térmico de las distintas clases de moléculas.

Si cubrimos una solución con una capa de disolvente puro o de una solución más diluida, el disolvente y el soluto, o sustancia disuelta, se difundirán uno en el otro hasta tanto que desaparezca toda diferencia de concentración y aparezca una fase mixta de composición uniforme. Este proceso de difusión en el interior de líquidos o soluciones se denomina *ósmosis* y la fuerza motriz con la cual tiende una solución a recibir otras cantidades de disolvente y diluirse de este modo, se designa por su presión osmótica.

Lo mismo que para la medición de la presión de difusión en mezclas gaseosas, se necesita una membrana semipermeable para la medición de la presión osmótica. Los primeros trabajos en esta dirección se deben al botánico

W. Pfeffer (1877) que se había percatado de la enorme importancia que tenía la membrana que envuelve a la célula en casi todos los organismos para el metabolismo o el intercambio de sustancias, entre el contenido de la célula y su medio, por esta membrana celular. El metabolismo total de cada célula de un ser vivo debe seguir su camino por esta membrana y, en cada caso, debe regirse de modo decisivo por sus propiedades. En general, las membranas vegetales o animales no son rigurosamente semipermeables. Solamente que por su capacidad de absorción del agua (poder de hinchamiento) en la mayoría de los casos dejan penetrar más fácilmente el agua que otras sustancias.

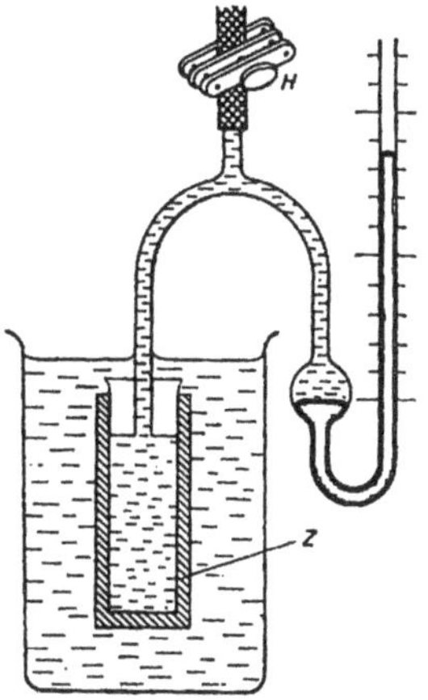

FIG. 4. Presión osmótica.

Una membrana semipermeable que está muy cerca de la ideal es la constituida por barro cocido poroso cuyos poros se obstruyen por un precipitado, formado en los mismos poros, de $Cu_2Fe(CN)_6$. Si esta precipitación es bastante espesa, esta membrana prácticamente sólo deja pasar agua y ninguna de las sustancias en ella disueltas. En la figura 4, el cilindro de barro, *z*, representa una membrana de este tipo. Para obtenerla se llenó el cilindro de solución de $CuSO_4$ y se introdujo en una solución de $KFe_4(CN)_6$. Se formó entonces el precipitado del cianuro complejo de cobre en la zona de contacto de ambas soluciones en el interior del cilindro de barro poroso y de este modo obstruyeron sus poros. Se tapa el cilindro herméticamente con un tapón de caucho taladrado por cuyo orificio se pasa un tubo de vidrio conectado con un manómetro de mercurio en la forma que puede verse en la figura. Por el tubo de goma, que se cierra con la pinza de presión *H*, podemos llenar todo el volumen del cilindro, así como del tubo del manómetro hasta la superficie del mercurio, con una solución acuosa cualquiera, sin que quede en todo el espacio ni una sola burbuja de aire. Después de cerrar la pinza de presión, introducimos el cilindro de barro en un vaso de precipitados lleno de agua pura. En la rama abierta del manómetro se observará entonces un ascenso gradual de la columna de mercurio hasta una presión máxima determinada.

La estabilización de esta presión que (supuesta la semipermeabilidad ideal del cilindro de barro impregnado) representa la presión osmótica de la solución correspondiente, se puede enunciar mejor en la forma siguiente: toda solución tiene tendencia a atraer hacia sí otras cantidades de disolvente que pueda absorber y de este modo diluirse de nuevo. La solución que se encuentra en el cilindro atrae por ello el agua, o el disolvente, que está encerrada en la membrana semipermeable. Por ello aumenta su volumen y, por consiguiente, a causa de su menor compresibilidad, también rápidamente su presión. Por su parte, la membrana repone su pérdida con el disolvente que la rodea por su lado exterior. Cuando la presión en el cilindro de barro ha alcanzado su valor máximo, significa que la cantidad de agua absorbida en la unidad de tiempo por la solución encerrada, a causa de su tendencia a la dilución, es igual a la que ha sido impelida hacia fuera del interior del recipiente a través de la membrana porosa en el mismo tiempo, a causa de la altura de la presión alcanzada.

Mediciones cuidadosas en soluciones de no electrólitos, por ejemplo, soluciones acuosas de azúcar, glicerina, urea, etc., han dado por resultado que la presión osmótica,

P, de las mismas es igual a la presión que ejercería la sustancia disuelta si se hallara presente sola como un gas en el espacio ocupado por la solución, *v*. Así, si en *v* litros de una solución están contenidos *n* moles de una sustancia, se obtendrá la presión osmótica, *P*, de esta solución por la misma fórmula que conocemos por la ecuación de estado de los gases:

$$P_v = n\,\mathbf{R}\,T \qquad (20)$$

donde **R** tiene el mismo valor que para las sustancias en forma gaseosa.

Si se reduce una solución, por extracción del disolvente, a la mitad de su volumen (o, lo que es lo mismo, se duplica su concentración) se produce como resultado que su presión osmótica sube al doble. La presión osmótica de una solución que contiene 1 mol de un no electrólito en 22.4 litros, es, según esto, a 0° C. y 1 atm., igual a la que tendría 1 mol de un gas puro en el mismo espacio. Una solución 1-molar tiene, por consiguiente, a 0° C. una presión osmótica de 22.4 atm. que, como la presión de un gas, aumenta por cada grado de elevación de la temperatura en 1/273 de ese valor válido a 0° C. Al igual que la ecuación de estado de los gases, también la misma relación (al menos formal) para la presión osmótica de las soluciones sólo puede considerarse como una ley aproximada, puesto que las circunstancias reales sólo se reproducen correctamente en forma aproximada y únicamente se cumplen con todo rigor en el caso de soluciones diluidas al máximo.

La analogía observada en el comportamiento de sustancias gaseosas y disueltas, que llega muy lejos, nos lleva a interpretar la presión osmótica en otra forma en cierto modo más intuitiva de la que se ha seguido antes. Examinemos para ello la figura 3. Si en el espacio $\mathfrak{A} + \mathfrak{B} = v$ se encuentra una mezcla gaseosa de *n* moles de *A* con *m* moles de *B* y en el espacio $\mathfrak{A}$ solamente el gas puro *A*, la presión ejercida por la mezcla gaseosa A + B sobre la pared *W* solamente permeable para *A,* a la que llamaremos *P,* es igual a la presión parcial o presión de difusión de *B,* o sea $P = \frac{b\mathbf{R}T}{v}$. Si *A* y *A* + *B* no son gases sino líquidos, se obtiene que la presión osmótica ejercida sobre la pared *W* será, del mismo modo que antes, de igual magnitud que la presión de difusión de *B* que actúa sobre esta pared. Por consiguiente, se puede interpretar en ambos casos la fuerza de la presión que actúa sobre *W* como presión de difusión de *B,* para lo cual hay que considerar a *B* en un caso como componente de la mezcla gaseosa y en otro, como la sustancia disuelta. Para ello, debe aclararse, sin embargo, que solamente la presión total de una mezcla de gases (ideales) se compone aditivamente de las presiones de difusión de sus componentes, mientras que éste no es el caso en las fases mixtas líquidas y que, por ello, su presión osmótica no debe ser tratada como la sola tendencia a la expansión de la sustancia disuelta sino como una propiedad de la solución en conjunto. Del mismo modo se puede utilizar como un postulado auxiliar la hipótesis de que la presión osmótica de una solución se debe a los choques térmicos de las moléculas disueltas sobre la pared semipermeable, porque esta magnitud, al menos en soluciones suficientemente diluidas, es numéricamente igual a la presión que ejercería la sustancia disuelta si estuviera presente ella sola como un gas en el volumen ocupado por la solución.

La teoría del equilibrio químico

Si abandonamos a sí mismo un sistema en el que se mantienen constantes las condiciones externas, de todas las variaciones que pudieran imaginarse en él, se efectuarían siempre libremente, como ya hemos visto antes (pág. 24), sólo aquellas en cuyo curso pudiera obtenerse energía libre. Por esta causa, toda mezcla de sustancias a la que no agregamos energía de ninguna clase variará hasta tanto que la cantidad de energía libre en ella contenida haya descendido a un mínimo y que todos los procesos posibles capaces de liberación de energía libre hayan encontrado su fin. Después de su curso, el contenido del sistema en energía libre no sufrirá ninguna variación más, por largo que sea el tiempo que transcurra.

El estado final así caracterizado se designa como posición de equilibrio del sistema o como equilibrio existente en el sistema bajo las condiciones consideradas. La invariabilidad de la mezcla de sustancias considerada, bajo este estado de inercia, significa de todos modos solamente que no se verifican variaciones que puedan determinarse macroscópicamente. En los acontecimientos moleculares no es preciso que reine un estado de inacción. Antes bien, tanto el movimiento térmico como todas las reacciones químicas posibles se verifican sin rozamiento y sin impedimento. Sólo que por ello estas últimas no conducen a una variación de la composición de la mezcla, porque cada una de las reacciones que en ella se efectúa en un sentido se verifica simultáneamente con la misma velocidad en sentido inverso.

Diferenciemos entre equilibrios homogéneos y equilibrios heterogéneos. En el primer caso, todos los componentes del sistema que se encuentra en equilibrio están distribuidos homogéneamente en una fase; están, así pues, o bien todos en forma gaseosa o todos disueltos en una fase líquida (o también sólida). Un equilibrio heterogéneo está formado en cambio por dos o más fases. Equilibrios sencillos de esta clase se presentan, p. ej., en los sistemas: hielo-agua, agua-vapor de agua saturado o sustancia disuelta-solución saturada de la misma en cualquier disolvente (equilibrio de solución), y también en el caso de dos líquidos sólo incompletamente miscibles, por ejemplo, benceno y agua, de los cuales cada uno disuelve al otro hasta su equilibrio de saturación. Si se dispone aún de un tercer líquido soluble en los dos primeros, por ejemplo, éter, se reparte éste entre los dos en una relación de concentración determinada (equilibrio de reparto). Tampoco en estos sistemas de equilibrio heterogéneo reina reposo absoluto, antes bien continuamente tiene lugar un intercambio de sustancias más o menos considerable entre las fases particulares. En el límite de fases o interfase agua-vapor de agua saturado, se admite, por ejemplo, un paso constante de moléculas de agua desde la fase vapor a la fase líquida y viceversa, en el cual el número de las moléculas pertenecientes a una u otra fase no experimenta con ello ninguna variación porque por el límite de las fases pasan en la unidad de tiempo tantas moléculas en un sentido como en el otro.

Todos los procesos que tienen lugar por sí mismos en un sistema en equilibrio sólo pueden verificarse siempre de modo rigurosamente isotérmico y reversible. Isotérmico, porque un sistema en el cual domina una diferencia de temperatura podría tomar y ceder energía libre y, por consiguiente, no estaría en equilibrio. Por otra parte, dichos procesos deben verificarse de modo reversible, porque, en otro caso, el contenido de energía libre del sistema debería disminuir gradualmente y, por ello, no podría considerarse todavía en el mínimo que caracteriza al estado de equilibrio. De modo inverso, cuando un proceso debe ser realizado reversiblemente, debemos tratar de conseguir para ello que el sistema se encuentre en equilibrio en cada fase del proceso.

La decisión de la cuestión de si una mezcla de sustancias ha alcanzado o no su posición de equilibrio tropieza con dificultades cuando los procesos que conducen al equilibrio se verifican perezosamente. Por ejemplo, la composición del gas detonante guardado en recipientes de vidrio limpios no varía de modo apreciable en el transcurso de años porque la combinación de H_2 y O_2 a la temperatura ambiente tropieza con *inhibiciones*. En estos casos se debe procurar por elevación suficiente de la temperatura, o mejor aún por catalizadores, que el estado de equilibrio se establezca en tiempo suficientemente corto.

Entonces, la determinación de si existe equilibrio en el estado final se puede hacer con más seguridad en tal forma que se observen las variaciones en la composición del sistema con pequeña variación de sus condiciones de estado y se determine luego si después de la regresión al estado normal en cada caso ha vuelto de nuevo a tener su composición original. Para la comprobación de la cuestión de si ya se ha alcanzado el equilibrio de saturación de una sustancia sólida que se encuentre en contacto con su solución, se puede por ejemplo calentar la mezcla algunos grados y de este modo disolver algo más la sustancia sólida. Después del retorno a la temperatura original debe precipitarse entonces de nuevo la cantidad de la sustancia considerada que pasó a la solución. Si además se enfría la mezcla algunos grados se determina inversamente si la porción de la sustancia precipitada por ello, después de restablecer la temperatura inicial pasa de nuevo completamente a la solución. Si por ambos modos se alcanza el mismo estado final, se determina con ello de modo seguro la posición de equilibrio del sistema bajo las condiciones consideradas. Sin embargo, la existencia de un estado de equilibrio completo y definitivo no puede comprobarse con ello, porque una sustancia, como la solución saturada de una sustancia explosiva, mostraría en su punto de descomposición lenta, o de cualquier otra forma inestable, este mismo comportamiento. Sólo la invariabilidad de una mezcla de sustancias determinada con seguridad en cada uno de los sentidos, puede valer como característica del equilibrio completo.

Los líquidos o las sustancias sólidas que se introducen en un vacío o en una fase gaseosa inerte (que no reaccione con ellos químicamente) encuentran igualmente un equilibrio de saturación, es decir, se establece una concentración de saturación o, lo que significa lo mismo, se establece una presión de vapor determinada de esas sustancias en el vacío o en la fase gaseosa, respectivamente, que se mantiene invariable en condiciones constantes, especialmente con temperatura constante. Formas líquidas y sólidas de una misma sustancia (por ejemplo, hielo y agua o azufres monoclínico y rómbico) que puedan conservarse mezcladas entre sí a una temperatura determinada, deben tener por ello la misma presión de vapor. Si esto no ocurriera, por ejemplo, en el caso del hielo y el agua, y si precisamente el agua a 0° tuviera una presión de vapor más alta que el hielo a 0°, el agua debería evaporarse y depositarse sobre el hielo, en forma de hielo, si ambas sustancias se encontraran en un mismo espacio de gas. Pero entonces esto significaría que el hielo y el agua a 0° no podrían hallarse en estado de equilibrio.

Si por otra parte el hielo y el agua estuvieran por sí solos en equilibrio a 0° C., pero no así en contacto con una fase gaseosa, habría que imaginar el siguiente proceso cíclico: paso de 1 mol de H_2O desde la fase agua, a través del espacio de vapor, a la fase hielo, para lo cual, por una parte, se necesitaría calor de evaporación y, por otra, en la condensación del vapor de agua a hielo, cedería la misma cantidad de calor aumentada con el calor de solidificación molar originado. Este exceso del calor de condensación que resulta alcanzaría justamente para volver a transformar 1 mol de hielo en agua y de este modo se compensaría la pérdida originada por la evaporación del agua. En esta forma se llegaría a un tránsito cíclico continuo de moléculas de agua de la fase líquida a la fase de vapor, luego a la fase de hielo y un retorno nuevamente al estado de fase líquida. De este modo no se necesitaría adición de energía o calor del exterior para el mantenimiento del transporte de dicha sustancia, unido a sus transformaciones, así que la corriente del vapor de agua [por ejemplo en un recipiente anular en el que se encontrara una turbina (véase la figura 5)] podría utilizarse para levantar un peso, *P*, y, con ello, se habría realizado el movimiento continuo perpetuo, lo que está en contradicción con el primer principio.

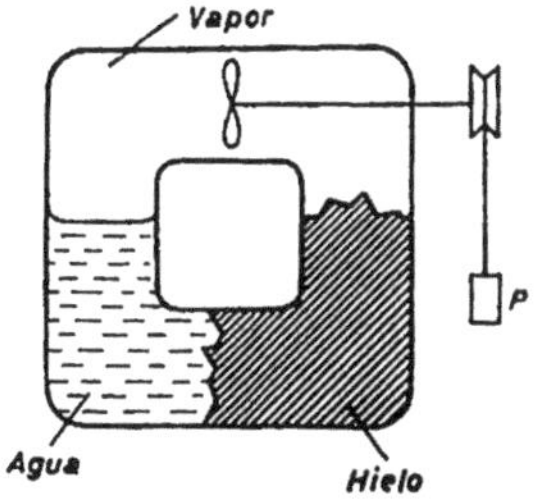

FIG. 5. Presión o tensión de vapor de hielo y agua a 0° C.

Al mismo resultado hubiéramos llegado si el hielo y el agua no estuvieran en contacto con una fase gaseosa, sino con una fase líquida de un líquido limitadamente miscible con el agua y en ella fueran solubles a la temperatura de equilibrio en distinta proporción. También se podría imaginar construido otro movimiento continuo con mercurio si el potencial del mercurio sólido a su temperatura de fusión (— 38.9° C.) en relación al de un electrólito cualquiera fuera distinto, aunque sólo lo fuera en una cantidad diminuta, del correspondiente al mercurio líquido respecto al mismo electrólito. Como electrólito podríamos emplear, por ejemplo, unas soluciones concentradas de $CaCl_2$ o de KOH, las cuales todavía se mantienen líquidas a tan baja temperatura. Tendríamos entonces en el recipiente anular de la figura 5, mercurio sólido en vez de hielo, en lugar del agua, el mercurio líquido y en lugar del vapor, el electrólito y con la diferencia de potencial se obtendría un flujo de corriente eléctrica permanente que podríamos utilizar para suministrar trabajo.

Por el primer principio resulta la imposibilidad de estas disposiciones generadoras de energía de la nada y, por ello, en su aplicación a los sistemas en equilibrio, el siguiente postulado general:

Las sustancias que están en equilibrio entre sí en una forma deben estar en equilibrio entre sí en toda forma.

Toda fase líquida o sólida de una sustancia pura tiene un curso peculiar de su curva de presión o tensión de vapor o de la solubilidad en función de la temperatura. Si existen varias fases sólidas de la sustancia correspondiente, igualmente cada una de ellas tiene su curva de presión de vapor y de solubilidad especial, que se aparta de las de las otras fases. También a cada fase le corresponde un curso peculiar, sólo para ella, del potencial eléctrico respecto a un determinado electrólito. Allí donde se corten las curvas correspondientes existirá equilibrio.

Se puede emplear este conocimiento para determinar la temperatura de equilibrio (punto de transición, o de transformación) de las modificaciones *alotrópicas* de una sustancia. Esto es sobre todo conveniente cuando la transformación de una de las modificaciones en otra se verifica perezosamente y, por consiguiente, no puede observarse directamente. El estaño ordinario, por ejemplo, puede existir además de en la forma conocida, con brillo de plata, en otra forma que es muy frágil y solamente se conoce en polvo como *estaño gris.* Los objetos de estaño que están expuestos largo tiempo a temperatura baja se descomponen en ocasiones en este polvo, partiendo la descomposición de puntos aislados y extendiéndose gradualmente por toda la masa del metal normal *(peste del estaño).* Por la construcción de un elemento galvánico en el que se dispusieron como electrodos por una parte estaño ordinario y de otro lado estaño gris, en una solución de $ZnCl_2$, se pudo determinar la temperatura con la cual la tensión de la pila es cero y en que ambas clases de estaño se encuentran en equilibrio entre sí. Resultó ser de + 20° C. aproximadamente. Por debajo de esta temperatura, está en solución en el elemento el estaño metálico normal y por encima de la misma, la forma gris, o sea, el electrodo del polo negativo, así que al cerrar el circuito de la pila por cualquier arco de cierre, en el primer caso pasará a la solución como ion el estaño normal y en el segundo çaso, el estaño gris y se depositarán sobre el electrodo contrario en la forma transformada de la modalidad. Las transformaciones de Sn_{metal} en Sn_{gris} e inversamente de Sn_{gris} en Sn_{metal} no se efectúan aquí directamente, sino dando un rodeo a través del estado de ion dentro de un elemento galvánico, en el cual su f.e.m. representa en cada caso una medida de la tendencia a la transformación a las distintas temperaturas (energía libre del proceso de transformación). Si el elemento muestra al descender la temperatura una disminución de la f.e.m., 0 V a 20° C. y al bajar más esta temperatura cambia de polaridad, esto demuestra que todos los objetos de estaño normal a temperatura inferior a 20° C. no son estables sino que, si todavía no han sufrido transformación, se encuentran en un estado *metastable.*

En cuanto al sentido del desplazamiento de un equilibrio cualquiera al variar las condiciones de estado, se verifica una regla general importante que se enunciará con el ejemplo del sistema hielo-agua. Estas dos fases del agua pura es bien sabido que están en equilibrio a 0° C. y 760 mm Hg. Si agregamos a la mezcla una pequeña cantidad de calor se funde algo del hielo, y si sustraemos calor se solidifica una porción de la fase líquida correspondiente. Por adición de calor aumentará así la cantidad de la fase que se forma con consumo de calor y por sustracción de calor la cantidad de la fase formada con cesión de calor. De forma parecida, o sea *compensadora,* actúa también la mezcla hielo-agua cuando se varía la presión. Bajo su propia presión o tensión de vapor de 4.6 mm Hg estará en equilibrio a + 0.0066° C.; bajo 760 mm exactamente, a 0° C.; y con 7600 mm Hg = 10 Atm., el equilibrio será a — 0.073° C. Si mantenemos una mezcla de hielo y agua, que a 0° y 760 mm Hg se halla en equilibrio, a la temperatura de equilibrio invariable de 0° C. y aumentamos la presión, funde el hielo porque su punto de fusión desciende al aumentar la presión. Si, por el contrario, bajamos la presión, la mezcla se solidifica completamente en hielo. La elevación de presión favorece pues la fase que ocupa menos volumen y el descenso de presión la que ocupa más volumen, es decir, en el caso presente la fase sólida (densidad del agua a 0° C. 0.9999; densidad del hielo a 0° C., 0.917 g/cm^3). Si inversamente la fase sólida de una sustancia ocupa menos volumen que la líquida, como es el caso en la inmensa mayoría de las sustancias, el punto de fusión sube al aumentar la presión. Todo sistema en equilibrio se desplaza por ello al variar una de sus condiciones de estado (ejercicio de una *acción* o *fuerza*) en el sentido que dificulta esta variación. Esta ley que es absolutamente válida para todos los equilibrios, homogéneos y heterogéneos, fue enunciada por primera vez por Le Chatelier (1884) y puede enunciarse también como *Principio del mínimo esfuerzo* en la forma siguiente.

Si sobre un sistema que se encuentra en equilibrio se ejerce una acción bajo la cual se desplaza el equilibrio, se producirá un proceso que contrarrestará parcialmente el resultado de esa fuerza.

Con ayuda de esta ley se puede predecir en general fácilmente la dirección del desplazamiento de un equilibrio bajo la acción de influencias externas, cuando se conoce la repercusión de las variaciones en él posibles sobre sus componentes. Una sustancia que en la proximidad de su solución saturada se disuelve con consumo de calor * debe mostrar aumento de la concentración de saturación al subir la temperatura, esto es, aumento de solubilidad. El caso más raro de que una sustancia se disuelva con desprendimiento de calor se debe a que la solubilidad disminuye al aumentar la temperatura. Si finalmente el proceso de disolución no va acompañado de tono térmico (o calor de disolución), esto demuestra que la solubilidad de la sustancia considerada es independiente de la temperatura. Se habla entonces de un estado de equilibrio *indiferente* con respecto a la temperatura, como el que resultaría con respecto a la presión si las fases sólida y líquida de una misma sustancia pura mostraran la misma densidad.

La ley de acción de las masas

Muchas reacciones químicas, a juzgar por las apariencias, se verifican de forma que las sustancias reaccionantes desaparecen completamente y ya no puede comprobarse su existencia en el producto de reacción obtenido. Con particular evidencia se observa esto en la reacción de mezclas heterogéneas (varias fases) en que frecuentemente una fase se consume por completo, como es el caso, por ejemplo, de la disolución del cinc en ácido clorhídrico o en la combustión del carbón. También en mezclas homogéneas

* Por el tono térmico positivo o negativo de la disolución de una sustancia en un disolvente puro o en su solución fuertemente subsaturada no se puede sacar ésta conclusión, porque en ella existen otros efectos de calor, como los que aparecen en la dilución o en la extracción de disolvente. Así pues, solamente son decisivos los llamados calores de disolución *últimos* en la solución casi saturada.

se verifican con frecuencia muchas reacciones cuantitativamente en un sentido (transformación del gas detonante en vapor de agua). En otros casos, en la reacción no se produce una transformación tan completa de las sustancias reaccionantes, antes bien la reacción se detiene en cierto modo a mitad del camino y queda finalmente en un llamado estado de equilibrio que puede establecerse de un lado por la mezcla de las sustancias reaccionantes puras y de otro lado por la mezcla de los productos puros de la reacción.

Como ejemplo clásico de este caso se examinarán los equilibrios de esterificación que se establecen en general entre alcoholes y ácidos. Si mezclamos en cualquier proporción alcohol etílico y ácido acético (acético glacial), se forman éster etílico y agua según la ecuación:

$$C_2H_5OH + CH_3COOH \rightleftarrows CH_3COOC_2H_5 + H_2O$$

La reacción se verifica a temperatura ambiente con bastante lentitud, por lo que sólo después de varios días se alcanza el estado de equilibrio. A causa de este curso perezoso de la transformación, se puede determinar la cantidad de ácido acético presente en cualquier momento en la mezcla de reacción, sencillamente por su valoración rápida, y seguir así fácilmente el curso de la reacción con el tiempo. Si se han mezclado cantidades molares de alcohol y ácido acético, se obtiene finalmente que $1/3$ mol de ácido acético aproximadamente queda sin esterificar y que, en correspondencia, se han formado solamente $2/3$ mol de éster. Esta proporción permanece invariable por largo que sea el tiempo de observación. Se llega al mismo estado si mezclamos cantidades molares de éster acetilacético y agua. Solamente reacciona entonces $1/3$ mol del éster durante el transcurso de un tiempo de reacción suficientemente largo, con $1/3$ mol de agua, con formación de $1/3$ mol de ácido acético y ⅓ mol de alcohol. Tanto en la mezcla de las sustancias iniciales puras como en la de los productos puros de reacción se ha alcanzado por último el mismo estado final, un signo infalible de que hay una reacción *reversible* que conduce a un equilibrio.

Surge entonces la cuestión de si la desaparición completa de las sustancias reaccionantes (en cuanto no estén en exceso) observada en otras muchas reacciones, como en la transformación $2\,H_2 + O_2 = 2\,H_2O$, ocurre realmente o si, por el contrario, en estas reacciones no quedará también en la mezcla producto de ellas un resto de las sustancias reaccionantes separadas que se sustrae a la comprobación solamente a causa de la insuficiente sensibilidad de nuestros medios analíticos. La investigación cuidadosa, precisamente del ejemplo citado y de otros muchos, ha permitido ver que en un sentido riguroso tampoco aquí el curso de la transformación es completo. Si se introduce en vapor de agua, recalentado a alta temperatura y a 760 mm Hg, un tubo de platino o de iridio en que se ha hecho el vacío, cerrado por un extremo y provisto en el otro de un manómetro, que solamente es permeable a las moléculas de H_2 y, por el contrario, no lo es a las de H_2O, a una temperatura constante de 1 700° K. se establece en el interior del tubo una presión de alrededor de 0.53 mm Hg que se debe al H_2 que ha penetrado en él. Así, pues, a esta temperatura se descompone también una parte, si bien pequeña, del vapor de agua, en $2\,H_2$ y O_2 y, justamente por la presión citada, se obtiene que se ha descompuesto 0.1% del vapor de agua en números redondos. Esta disociación térmica no significa otra cosa sino que la reacción $2\,H_2 + O_2 \rightarrow 2\,H_2O$ se verifica a temperatura suficientemente alta en sentido inverso hasta que se alcanza la concentración de equilibrio correspondiente a las relaciones de presión y temperatura presentes en cualquier momento. Por tanto, como el vapor de agua a elevada temperatura se encuentra en equilibrio, susceptible de medida, con las sustancias de que está formado, equilibrio que, como también se puede comprobar, se desplaza al subir la temperatura en el sentido de una descomposición más fuerte y al disminuir en sentido inverso, no se puede citar ninguna temperatura a la cual pueda hablarse de un curso de reacción absolutamente completo.

Parecidas en lo fundamental son las relaciones en la inmensa mayoría de las reacciones químicas. En todo caso, sin embargo, solamente raras especies de moléculas desaparecen de modo real y absolutamente íntegro de una fase de una mezcla de reacción. Entre estas excepciones se cuenta sobre todo la descomposición térmica de compuestos orgánicos complicados, cuya formación en la reacción inversa a partir de los productos de reacción se puede considerar como imposible. A causa de la falta de una reacción inversa, que pudiera conducir a la síntesis de la especie molecular considerada, no se establece equilibrio y la descomposición en este caso prosigue inconteniblemente hacia el fin, hasta que desaparecen las últimas moléculas.

Por consiguiente, todas las reacciones químicas en las cuales la transformación inversa no se elimina por completo, conducen en un medio homogéneo a un equilibrio que se representa en la ecuación de la reacción por una flecha doble, como ya se ha hecho en la fórmula antes dada para el equilibrio de la esterificación. Con condiciones externas constantes, el estado de equilibrio se caracteriza propiamente porque la reacción directa transcurre a la misma velocidad que la reacción inversa. Sólo en esta circunstancia se basa entonces la invariabilidad con el tiempo de la composición química del sistema.

Acerca de los acontecimientos moleculares en un sistema homogéneo, en el cual la reacción:

$$A + B + \ldots \rightleftarrows M + N + \ldots$$

ha alcanzado su equilibrio, se puede hacer la siguiente hipótesis. La reacción que se verifica de izquierda a derecha en el sentido de una de las flechas solamente puede aparecer cuando las moléculas A, B . . . , a causa de su movimiento térmico, entran en colisión dondequiera que sea. A temperatura constante, la frecuencia de estas colisiones debe ser proporcional a la concentración espacial (o por volumen), esto es, proporcional a la cantidad de moles contenidos en un litro, n_A, n_B, . . . de las distintas especies moleculares. Además, no todas las colisiones conducen a la transformación según la ecuación, sino solamente una fracción constante y determinada de las mismas, k. De este modo, para la velocidad v de esta reacción, es decir, para la cantidad de moles A, B, . . . que se transforma por unidad de tiempo en las especies moleculares M, N . . . se obtiene la expresión:

$$v = k \cdot n_A \cdot n_B$$

Para la reacción que marcha en sentido opuesto, se calcula, por una consideración análoga, la velocidad de reacción por:

$$v' = k' \cdot n_M \cdot n_N$$

y sólo podrá existir concentración invariable con el tiempo de las distintas sustancias reaccionantes, o lo que es lo mismo, un equilibrio entre las mismas, cuando ambas velocidades sean iguales, esto es, cuando $v = v'$. La transformación material producida por la reacción directa se contrarresta entonces justamente por la inversa. Procediendo de este modo obtenemos:

$$k \cdot n_A \cdot n_B = k' \cdot n_M \cdot n_N$$

y

$$\frac{k}{k'} = \frac{n_M \cdot n_N}{n_A \cdot n_B}$$

o bien, si combinamos las constantes k y k' en una sola constante K:

$$K = \frac{n_M \cdot n_N \ldots}{n_A \cdot n_B \ldots}$$

Para una reacción en cuya ecuación entran varias moléculas y se produce una misma especie de moléculas, o sea para el caso:

$$\mathrm{A + A + B \rightleftarrows M + M + M}, \text{ o sea, } \mathrm{2\,A + B \rightleftarrows 3\,M}$$

obtendremos por consiguiente:

$$K = \frac{n_M^{\,3}}{n_A^{\,2} \cdot n_B}$$

Es corriente indicar la concentración de cualquiera de las especies moleculares que participan en el equilibrio poniendo su fórmula química dentro de corchetes, así pues, para el caso del equilibrio:

$$2\,H_2 + O_2 \rightleftarrows 2\,H_2O$$

se obtiene

$$K = \frac{[H_2O]^2}{[H_2]^2 \cdot [O_2]}$$

Para el caso general de un equilibrio:

$$\alpha\,\mathrm{A} + \beta\,\mathrm{B} + \ldots. \rightleftarrows \mu\,\mathrm{M} + \nu\,\mathrm{N} + \ldots.$$

obtenemos entonces:

$$K = \frac{[M]^{\mu} \cdot [N]^{\nu} \ldots.}{[A]^{\alpha} \cdot [B]^{\beta} \ldots.} \qquad (21)$$

Esta ecuación representa la expresión, válida para todo equilibrio químico, de la *ley de acción de las masas,* que es preciso considerar como fundamento de la teoría del equilibrio químico y que fue reconocida claramente por primera vez por los investigadores noruegos C. M. Guldberg y P. Waage (1867).

La constante K, que tiene un valor determinado para cada temperatura, se designa por *constante de equilibrio*, y cuando relaciona el equilibrio de una sola especie molecular con sus productos de disociación, por *constante de disociación*. La concentración por volumen de los compuestos reaccionantes y de los productos de reacción, n_A, n_B, n_M . . . , o bien, $[A]$, $[B]$, $[M]$. . . (en general medida en mol/l) se suele denominar su *masa activa*.

Al mismo resultado que por la deducción cinética indicada en lo que precede, se ha llegado también por otro camino, que se basa en la siguiente consideración termodinámica y cuya validez está por ello fundamentada con más rigor.

Partimos del esquema ya utilizado de una reacción general:

$$\alpha \mathrm{A} + \beta \mathrm{B} + \ldots . \rightleftarrows \mu \mathrm{M} + \nu \mathrm{N} + \ldots .$$

y suponemos que las especies de sustancias que participan en ella, A, B, M, N, . . . , están distribuidas homogéneamente en un recipiente I como gases ideales y se encuentran en las concentraciones n_A, n_B, n_M, n_N . . . mol/l. Se inhibe la reacción en este recipiente de modo que las concentraciones por volumen se pueden considerar muy bien invariables con el tiempo, aunque, sin embargo, no se encuentren por ello en estado de equilibrio. En otro recipiente II podría en cambio verificarse la reacción sin inhibición (como por la presencia de un catalizador), de modo que en él exista constantemente equilibrio entre las sustancias presentes, igualmente como gases ideales (concentraciones de equilibrio: $[A]$, $[B]$, $[M]$, y $[N]$). Se supone que los dos recipientes están en el vacío y que ambos están a la misma temperatura constante T.

Examinemos en primer lugar sólo una especie de gas, por ejemplo el gas B, cuya concentración en el recipiente I es n_B y que en el recipiente II se encuentra en la concentración [B]. El volumen ocupado por 1 mol de esta clase de gas será entonces en el recipiente I

$$v_B = \frac{1}{n_B}$$

y en el recipiente II

$$v_B = \frac{1}{[B]}$$

y sus presiones parciales en los recipientes I y II, respectivamente, serán:

$$p_B = \mathbf{R}\, T\, n_B \text{ y } p_{[B]} = \mathbf{R}\, T\, [B]$$

Queremos ahora llevar 1 mol de este gas del recipiente I al II y calcular cuál es el consumo o la ganancia de trabajo en esta operación cuando se realiza en forma isotérmica y reversible. Puede imaginarse que esto se realiza haciendo semipermeable, en cada uno de ambos recipientes, una zona de su pared tapada con un tabique que pueda ser atravesado por el gas B y no por los otros gases. Entonces ponemos en el lugar considerado del recipiente I un cilindro que ajuste herméticamente y esté provisto de un émbolo y extraemos 1 mol con la ganancia del trabajo máximo.

$$A_1 = -\, p_B \cdot v_B = -\, \mathbf{R} \cdot T$$

que, como ha sucedido en el sentido de un consumo del sistema, va precedido de signo negativo. Después de separar y cerrar herméticamente el cilindro llevamos el gas en él encerrado al volumen molar $v_{[B]}$, que es el que tiene en el recipiente II, para lo cual se emplea la cantidad de trabajo:

$$A_2 = \mathbf{R} \cdot T \cdot \ln \frac{v_B}{v_{[B]}}$$

con arreglo a la ecuación 10 (pág. 9). Después de hecho esto, obligamos a pasar el gas al recipiente II por su lugar semipermeable y, para ello, hemos de aplicar la cantidad de trabajo:

$$A_3 = p_{[B]} \cdot v_{[B]} = \mathbf{R} \cdot T$$

Para esto, como en la extracción del gas del recipiente I, se supone que los dos recipientes son del tamaño necesario para que la extracción o adición de 1 mol de gas no varíe apreciablemente la presión parcial en ellos. De las tres cantidades de trabajo que hemos calculado para el transporte, A_1 y A_3 son iguales y opuestas, por lo que se anulan en la suma. Como cantidad de trabajo total del proceso queda por lo tanto solamente la dada para $A_2 = \mathbf{R} \cdot T \cdot \ln \frac{v_B}{v_{[B]}}$. Como

$$v_B = \frac{\mathbf{R} \cdot T}{p_B} \text{ y } v_{[B]} = \frac{\mathbf{R} \cdot T}{p_{[B]}}$$

podemos escribir también:

$$A_2 = \mathbf{R} \cdot T \cdot \ln \frac{p_{[B]}}{p_B}$$

o:

$$A_2 = \mathbf{R} \cdot T \cdot \ln \frac{n_B}{[B]}$$

y hemos calculado con ello la cantidad de trabajo teórico que corresponde al transporte sin pérdida energética de 1 mol B desde el recipiente I al II. Tendremos que aplicar la cantidad de trabajo análoga para el transporte de cualquier otra especie molecular del recipiente I hacia el II, por ejemplo, para la especie molecular A:

$$A_2' = \mathbf{R} \cdot T \cdot \ln \frac{n_A}{[A]}$$

o para el transporte de las especies moleculares M y N del II al I:

$$A_2'' = \mathbf{R} \cdot T \cdot \ln \frac{[M]}{n_M}$$

y:

$$A_2''' = \mathbf{R} \cdot T \cdot \ln \frac{[N]}{n_N}$$

Como estas cantidades de trabajo son válidas para la realización isotérmica y reversible del transporte y como la reacción en el sistema en equilibrio del recipiente II debe verificarse igualmente en forma isotérmica y reversible, según lo manifestado en la página 52, estamos ahora en situación de calcular la energía libre que podría liberar la reacción mencionada a T° K. y en la marcha reversible del curso de la reacción. Para ello, llevamos α moles A + β moles B + . . . del recipiente I al recipiente en equilibrio II, para lo cual hemos de aplicar los trabajos:

$$\underbrace{A_2' + A_2}_{} = \alpha \cdot \mathbf{R} \cdot T \cdot \ln \frac{n_A}{[A]} + \beta \cdot \mathbf{R} \cdot T \cdot \ln \frac{n_B}{[B]}$$

$$A_0 \quad = \quad \mathbf{R} \cdot T \frac{n_A{}^\alpha \cdot n_B{}^\beta}{[A]^\alpha \cdot [B]^\beta}$$

Después de haberse efectuado la transformación según la ecuación de reacción de forma isotérmica y reversible en el recipiente II, regresamos de nuevo los μ moles M y ν moles N formados en dicho recipiente, para lo cual hay que aplicar en el cálculo las cantidades de trabajo:

$$\underbrace{\mu\, A_2'' + \nu\, A_2'''}_{} = \mu \cdot \mathbf{R} \cdot T \cdot \ln \frac{[M]}{n_M} + \nu \cdot \mathbf{R} \cdot T \cdot \ln \frac{[N]}{n_N}$$

$$A_0' \quad = \quad \mathbf{R} \cdot T \cdot \ln \frac{[M]^\mu \cdot [N]^\nu}{n_M{}^\mu \cdot n_N{}^\nu} .$$

Entonces hemos originado una reacción estequiométrica completa en el recipiente I, aunque por ello las relaciones en el recipiente II no hayan variado en ninguna forma y se ha obtenido en conjunto la cantidad de trabajo:

$$A = A_0 + A_0' = \mathbf{R} \cdot T \cdot \ln \frac{n_A{}^\alpha \cdot n_B{}^\beta \cdot [M]^\mu \cdot [N]^\nu}{n_M{}^\mu \cdot n_N{}^\nu \cdot [A]^\alpha \cdot [B]^\beta} \qquad (22)$$

Como podemos imaginar manipulaciones análogas de transporte no sólo entre sistemas en forma gaseosa sino también entre mezclas líquidas homogéneas, y entonces (por lo menos en soluciones suficientemente diluidas) a causa de la igualdad numérica de la presión parcial y osmótica, en lugar de los trabajos de compresión y expansión aparecen las cantidades correspondientes de trabajo osmótico, se puede considerar ahora que la ecuación obtenida tiene validez general para las reacciones que conducen a un equilibrio homogéneo. Esta ecuación permite calcular la energía libre que puede suministrar en el caso más favorable una reacción cualquiera de este tipo, cuando se conocen las concentraciones de cada uno de los compuestos que participan en la reacción en el estado inicial, n_A, n_B, n_M, . . . y en el estado de equilibrio $[A]$, $[B]$, $[M]$ . . .

Ahora bien, si las concentraciones iniciales de las sustancias participantes en la reacción en el recipiente I son distintas de las que existen en el recipiente II y, sin embargo, también allí existe verdadero equilibrio, evidentemente la cantidad de trabajo que puede obtenerse en la transformación realizada debe ser = 0. Por lo tanto,

$$\mathbf{R} \cdot T \cdot \ln \frac{n_A{}^{\alpha} \cdot n_B{}^{\beta} \cdot [M]^{\mu} \cdot [N]^{\nu}}{n_M{}^{\mu} \cdot n_N{}^{\nu} \cdot [A]^{\alpha} \cdot [B]^{\beta}} = 0$$

es decir,

$$\frac{n_M{}^{\mu} \cdot n_N{}^{\nu}}{n_A{}^{\alpha} \cdot n_B{}^{\beta}} = \frac{[M]^{\mu} \cdot [N]^{\nu}}{[A]^{\alpha} \cdot [B]^{\beta}} = K \qquad (21)$$

Con ello hemos encontrado la misma relación, antes hallada por camino cinético como expresión de la ley de acción de las masas y podemos enunciar ésta en la forma siguiente:

En cualquier proporción en que se hallen siempre mezcladas homogéneamente las sustancias participantes en una reacción reversible $\alpha\,\mathrm{A} + \beta\,\mathrm{B} + \ldots \rightleftarrows \mu\,\mathrm{M} + \nu\,\mathrm{N} + \ldots$ *la mezcla a temperatura constante alcanzará solamente su posición de equilibrio por el curso de la reacción en uno y otro sentido cuando el cociente entre las concentraciones por volumen* [A], [B], [M] *(con los números de moléculas como exponentes de las potencias),* $\frac{[M]^{\mu} \cdot [N]^{\nu} \ldots}{[A]^{\alpha} \cdot [B]^{\beta} \ldots}$ *muestre un valor constante determinado,* K, *que dependa solamente de la temperatura.*

La designación *ley de acción de las masas* se basa en el hecho de que la variación de la concentración, esto es, de la *masa activa* de una de las sustancias participantes en la reacción produce regularmente una reacción en la que ésta acciona en contra de la perturbación hasta que se vuelve a establecer la relación entre K y las masas activas de todos los componentes (con los números de moléculas que intervienen en la ecuación de reacción como potencias).

En general, se ha demostrado la utilidad de la ley de acción de las masas en la aplicación a casos prácticos para establecer las relaciones en forma más sencilla. Sin embargo, de acuerdo con la deducción expuesta, solamente puede esperarse su rigurosa validez en las reacciones que se producen entre gases que se encuentren en estado ideal. En los gases reales, lo mismo que en las soluciones, se cumple tanto mejor cuanto menores sean la presión y la concentración de las mismas, respectivamente. Con presiones altas y concentraciones grandes en las cuales ya no se cumplen exactamente las leyes de los gases y osmóticas, respectivamente, es necesario aplicar ciertas correcciones, para lo cual lo más sencillo es no utilizar ya como *masas activas,* $[A]$, $[B]$, . . . , las concentraciones molares de las especies moleculares correspondientes, sino sus *actividades,* esto es, valores debidamente corregidos para los cuales se cumpla la ecuación (21).

Si bien es cierto que la ley de acción de las masas sólo se puede aplicar de modo inmediato a los equilibrios homogéneos, también lo es que se puede transferir fácilmente a sistemas heterogéneos. Si cualquiera de las especies moleculares que participan en la reacción no está distribuida homogéneamente sino que se presenta como una fase condensada separada, su concentración en la fase gaseosa, o en la solución, respectivamente, deberá ser siempre distinta de cero, aunque no sea más que en una cantidad insignificante, porque no hay ni sustancias absolutamente no volátiles ni realmente insolubles por completo. Siempre, incluso con aparente separación completa de la sustancia considerada, debe, por lo tanto, existir una cierta concentración finita de la misma en la mezcla de reacción homogénea, que es preciso introducir en la ecuación de la ley de acción de las masas en lugar de su cantidad absoluta. Por esta causa, hay que considerar esta concentración como constante, puesto que la ley de acción de las masas solamente exige la constante de K para una temperatura determinada, a la cual también debe ser constante la presión o tensión de vapor (o la concentración de la solución de un componente que aparezca precipitado como cuerpo sólido).

Por ello se puede omitir sencillamente en la ecuación de la ley de acción de las masas la especie molecular que aparece como fase condensada o como *cuerpo sólido precipitado;* pero entonces, en la constante K resultante estará contenida la concentración (constante) de esta especie molecular. Así, pues, se aplicará de este modo la ley de acción de las masas solamente a la fase homogénea en la que están presentes todas las sustancias participantes en la reacción, incluso aunque estén en una concentración tan pequeña.

Consideración especial merece aún la ecuación (22) que permite un cálculo de la energía libre a partir de las masas activas, n_A, n_B, n_M, . . . , del sistema capaz de trabajo y de las masas activas del sistema en equilibrio, $[A]$, $[B]$, $[M]$, . . . Si en sustitución de $\frac{[M]^\mu \cdot [N]^\nu}{[A]^\alpha \cdot [B]^\beta}$ ponemos la constante de equilibrio K y en lugar de la expresión constituida por las concentraciones en el sistema capaz de trabajo, $\frac{n_A{}^{\alpha} \cdot n_B{}^{\beta}}{n_M{}^{\mu} \cdot n_N{}^{\nu}}$, el símbolo ϕ_c, se obtiene la relación sencilla:

$$A = \mathbf{R} \cdot T \cdot \ln K \cdot \phi_c \qquad (22a)$$

que se designa por *ecuación de la isoterma de reacción.* Representa la cantidad de trabajo (la *afinidad)* que puede suministrar un sistema químico a temperatura constante en el mejor de los casos, cuando las concentraciones de las sustancias reaccionantes y de los productos formados se mantienen sin variación alguna durante el curso de la reacción.

Por diferenciación de esta ecuación se deduce el coeficiente de temperatura de la energía libre de una reacción química. Para ello hay que imaginar que la ecuación representa A en función de T y que la expresión de K varía igualmente con la temperatura, mientras que $\mathbf{R}$ y $\ln \phi_c$ a volumen constante se consideran como constantes independientes de la temperatura. En primer lugar llevamos la ecuación (22a) a la forma:

$$A = \mathbf{R}\, T \ln K + \mathbf{R}\, T \ln \phi_c$$

y de ella, por las reglas del cálculo diferencial* se obtiene el cociente diferencial:

$$\frac{dA}{dT} = \mathbf{R}\, T \frac{d \ln K}{dT} + \mathbf{R} \ln K + \mathbf{R} \ln \phi_c$$

* La expresión $\mathbf{R}\, T \ln K$ se considera para ello como producto de las dos funciones $u(x) = u(T) = \mathbf{R}\, T$ y $v(x) = \ln K$. Para la diferenciación del producto de dos funciones: $y = f(x) = u(x) \cdot v(x)$ se tiene de modo general:

$$\frac{dy}{dx} = u(x) \frac{dv}{dx} + v(x) \frac{du}{dx}$$

Si ahora sustituimos las expresiones obtenidas de A y de $\frac{dA}{dT}$ en la ecuación de Gibbs-Helmholtz (16*a*) resulta:

$$-U = -A + T\frac{dA}{dT}$$

$$-U = -\mathbf{R}\,T\ln K - \mathbf{R}\,T\ln\phi_c + \mathbf{R}\,T^2\frac{d\ln K}{dT} + \mathbf{R}\,T\ln K + \mathbf{R}\,T\ln\phi_c$$

o

$$-U = \mathbf{R}\,T^2\frac{d\ln K}{dT} \tag{23}$$

Esta expresión se llama *ecuación de la isostérica o isócora de la reacción*. Permite calcular la variación de la constante de equilibrio con la temperatura a partir de $-U$, es decir, a partir de la energía calorífica cedida por el sistema cuando se mantiene constante el volumen.

La ecuación de la isoterma de la reacción (22*a*) da así la capacidad de trabajo de un sistema *a temperatura constante* en función de su composición, y la ecuación de la isostérica de la reacción (23), la variación de la constante de equilibrio del sistema con la temperatura, *a volumen constante:*

$$\frac{d\ln K}{dT} = \frac{-U}{\mathbf{R}\,T^2} \tag{23a}$$

Para temperaturas, T_1 y T_2, que no se encuentren demasiado separadas entre sí, U puede considerarse como independiente de la temperatura, así que la integración de esa ecuación nos da:

$$\ln K = -\int\frac{U}{\mathbf{R}\cdot T^2}\,dT$$

$$\ln K = \frac{U}{\mathbf{R}\cdot T} + C$$

(C = constante de integración).

Para la temperatura T_1 se obtiene así:

$$\ln K_1 = \frac{U}{\mathbf{R} \cdot T_1} + C$$

y para T_2:

$$\ln K_2 = \frac{U}{\mathbf{R} \cdot T_2} + C$$

y por diferencia obtenemos la ecuación:

$$\ln K_2 - \ln K_1 = \frac{U}{\mathbf{R}} \left(\frac{1}{T_2} - \frac{1}{T_1} \right) \tag{23b}$$

que con el valor de la constante de equilibrio (K_1), conocida para una temperatura T_1, permite calcular el de cualquier otra constante (K_2) para una temperatura (T_2) no demasiado separada de la primera, a partir del tono térmico o calor de reacción, U, de la reacción correspondiente, determinado calorimétricamente a volumen constante.

De la ecuación (23*a*) se deduce que ln K y, por consiguiente, también K dependen siempre de la temperatura, en tanto $-U$ no sea igual a cero. Por esto, la posición de equilibrio de una reacción atérmica no es influida por la variación de temperatura, un caso que casi se cumple en el ejemplo mencionado antes del equilibrio del éster acético. Para una reacción:

$$\alpha A + \beta B \rightleftarrows \mu M + \nu N$$

que marcha libremente y de modo exotérmico por sí misma de izquierda a derecha, con volumen constante ($A = 0$), se obtiene para $\frac{d \ln K}{dT}$ un valor negativo, es decir, la constante de equilibrio

$$K = \frac{[M]^\mu \cdot [N]^\nu}{[A]^\alpha \cdot [B]^\beta}$$

debe disminuir al aumentar la temperatura y esto nos dice que las concentraciones de las especies moleculares M y

N formadas con desprendimiento de calor, disminuyen al aumentar la temperatura, mientras que en las especies moleculares formadas a la inversa con el correspondiente consumo de calor (endotérmicas) deben aumentar. La elevación de temperatura de un sistema en equilibrio produce, por tanto, un desplazamiento del equilibrio en el sentido que favorece a los componentes que se forman con consumo de calor. Este hecho queda comprendido en el principio general ya antes mencionado de Le Chatelier (pág. 58), en su aplicación a la temperatura como acción o fuerza. Como la ecuación (23*a*), que nos ha proporcionado esta comprobación, se apoya en la ecuación de Gibbs-Helmholtz y, por lo tanto, en el segundo principio de la Termodinámica, hay que considerar el principio de Le Chatelier como una consecuencia del segundo principio.

La presión o tensión de vapor de las soluciones

Para poder impeler hacia el exterior 1 mol del disolvente de una solución encerrada en un recipiente con pared semipermeable, a través de esta pared, y con ello separarlo de la solución, hay que emplear como mínimo el trabajo $P \cdot v_{liq.}$, en donde P representa la presión osmótica de la solución y $v_{liq.}$, el volumen de 1 mol del disolvente líquido. Se supone para ello que la cantidad de solución es tan grande que su presión osmótica no varía apreciablemente por la extracción de 1 mol del disolvente.

La separación del disolvente puede realizarse también en otra forma, que consiste precisamente en la evaporación de 1 mol del mismo y la condensación ulterior del vapor de disolvente puro. Se alcanza por este camino el mismo estado final, por lo que las cantidades teóricas de energía para su realización deben ser de igual magnitud a causa de la reversibilidad de cada operación particular.

En la evaporación de 1 mol de disolvente de la solución se puede obtener en el mejor de los casos el trabajo expresado con la fórmula

$$A_1 = p \cdot v_g = \mathbf{R} \cdot T$$

si p representa la presión de vapor de la solución a T°K y v_g el volumen de 1 mol del vapor de disolvente bajo esa presión.

Para la condensación de esta cantidad de vapor debemos en principio comprimirlo a la presión de vapor p_0 del disolvente puro y aplicar para ello el trabajo que viene indicado por la fórmula

$$A_2 = \mathbf{R} \cdot T \cdot \ln \frac{p_0}{p}$$

Finalmente, condensamos el vapor saturado a líquido puro y, para ello, utilizamos la cantidad de trabajo:

$$A_3 = p_0 v_g' = \mathbf{R} \cdot T$$

en que v_g' representa el volumen de 1 mol del vapor de disolvente a la presión p_0. Como puede verse, las cantidades de trabajo A_1 y A_3 son iguales y opuestas entre sí, es decir, se compensan mutuamente, de un lado como ganancia o producción de trabajo y del otro lado como consumo de trabajo, así que sólo queda como trabajo de separación la cantidad A_2. Esta debe ser entonces igual al trabajo osmótico, con lo que obtenemos:

$$P \cdot v_{\text{liq.}} = \mathbf{R} \cdot T \cdot \ln \frac{p_0}{p}$$

o también:

$$P = \frac{1}{v_{\text{liq.}}} \mathbf{R} \cdot T \cdot \ln \frac{p_0}{p} \tag{24}$$

de donde obtendremos P en atm. si expresamos $v_{\text{liq.}}$ en litros y sustituimos $\mathbf{R}$ por 0.08206.

De este modo viene claramente dada la presión osmótica de una solución en función de su presión o tensión de vapor, p, de la presión de vapor del disolvente puro p_0 (ambas medidas a T° K.) y del volumen molar del mismo. Para esta última magnitud hemos supuesto = 1 el volumen ocupado por 1 mol del vapor del disolvente después de su condensación como disolvente líquido. De este modo $v_{\text{liq.}} = \frac{M}{D}$, donde D es la densidad del disolvente líquido y M su peso molecular en estado de vapor y no precisamente el peso molecular del disolvente líquido, posiblemente distinto a causa de la asociación de las moléculas. Por otra parte, entenderemos por presión de vapor de la solución sólo la tensión parcial del vapor de disolvente sobre la solución, que, por tanto, sólo es igual a la presión de vapor total de la solución cuando se supone que la propia sustancia disuelta no tiene tensión de vapor apreciable, como es el caso en general y en las consideraciones que siguen.

Las soluciones que muestran la misma presión osmótica y que se preparan empleando el mismo disolvente, se llaman *isosmóticas* o *isotónicas*. Según la ecuación (24) estas soluciones deben tener siempre igual presión o tensión de vapor.

Como que la presión osmótica de una solución se puede acercar en todo caso al valor 0 al aumentar la dilución y, sin embargo, nunca puede ser negativa, se deduce además de la ecuación citada que la presión de vapor de una solución debe ser siempre más pequeña que la del disolvente puro.

Para soluciones diluidas, en las cuales es $p \approx p_0$ podemos sustituir la expresión $\ln \frac{p_0}{p}$, difícil de manipular, sencillamente por $\frac{p_0 - p}{p_0}$, con una aproximación considerada como suficiente,* así que la ecuación (24) toma la forma:

$$\frac{p_0 - p}{p_0} = P\,\frac{v_{\text{liq.}}}{\mathbf{R}\cdot T} = P\cdot\frac{v_{\text{liq.}}}{T\cdot 0.0826} \qquad (24a)$$

El *descenso de la presión de vapor* $(p_0 - p)$, lo mismo que el descenso relativo de la presión de vapor $\frac{p_0 - p}{p_0}$, es pues proporcional a la presión osmótica.

Según la ecuación (20), $P = \frac{n}{v}\mathbf{R}\cdot T$, así que se tiene:

$$\frac{p_0 - p}{p_0} = \frac{n\cdot v_{\text{liq.}}}{v}$$

donde v representa el volumen en el que están contenidos n moles de la sustancia disuelta. Si 1 litro de la solución

* Como se sabe es:

$$\ln\frac{p_0}{p} = -\ln\left(1 - \frac{p_0 - p}{p_0}\right)$$

Por sustitución de

$$\frac{p - p_0}{p_0} = \frac{1}{n}$$

y además de

$$\ln\left(1 + \frac{1}{n}\right) = x,$$

se deduce:

$$\ln\left(1 + \frac{1}{n}\right)^n = n\,x \quad \text{o} \quad e^{nx} = \left(1 + \frac{1}{n}\right)^n;$$

cuando $p \approx p_0$, obtenemos $n \approx \infty$ y $e^{nx} \approx e$.

Con ello se obtiene: $x \approx \frac{1}{n}$ y $\ln\left(1 + \frac{1}{n}\right) = \ln\left(1 + \frac{p - p_0}{p_0}\right)$

$\approx \frac{p - p_0}{p_0}$, o bien, $\ln\frac{p_0}{p} \approx \frac{p_0 - p}{p_0}$

contiene N moles de disolvente y n moles de soluto, será $\frac{1}{N} = v_{\text{liq.}}$ y $v = 1$. De este modo, se obtiene:

$$\frac{p_0 - p}{p_0} = \frac{n}{N} \tag{25}$$

Por definición, esta fórmula sólo se verifica en soluciones suficientemente diluidas. Si se emplea despreocupadamente para soluciones concentradas, por ejemplo, para una solución que contenga el mismo número de moles del disolvente que del soluto ($n = N$), se tiene $\frac{p_0 - p}{p_0} = 1$, o sea, $p = 0$, es decir, se llega al resultado imposible de que esta solución no tiene presión de vapor.

Para eliminar esta discordancia dio F. M. Raoult a la ecuación la forma:

$$\frac{p_0 - p}{p_0} = \frac{n}{N + n} \tag{25a}$$

y llamó a la razón entre el número de moles de sustancia disuelta y el número total de moles ($N + n$) de la solución, *fracción molar* de la sustancia disuelta. Esta fórmula proporciona también en soluciones concentradas valores de la presión o tensión de vapor en buen acuerdo con los reales y puede, como *ley de Raoult,* expresarse en la siguiente forma:

La disminución relativa de la presión de vapor es igual a la fracción molar del soluto.

Así pues, la disminución relativa de la presión de vapor es independiente de la temperatura y está determinada únicamente por la proporción entre el número de moles de soluto en la solución y el número total de moléculas en ésta. En las soluciones diluidas en las que el número total de moles no sufre variación numéricamente apreciable por la adición del soluto, el descenso relativo de la presión de vapor es casi exactamente proporcional a la cantidad de sustancia disuelta en la unidad de peso o de volumen.

Más fácil de determinar experimentalmente que la presión de vapor es el punto de ebullición de una solución. Con esta denominación entendemos, como es sabido, la temperatura a la cual la presión de vapor ha alcanzado los 760 mm Hg. A la menor presión o tensión de vapor de las soluciones se debe que su punto de ebullición siempre sea más alto que el del disolvente puro. La magnitud de esta diferencia de temperatura se designa por

Elevación del punto de ebullición

En el diagrama de la figura 6, la curva de trazo continuo representa la presión o tensión de vapor del disolvente y la línea de puntos la de la solución, en función ambas de la

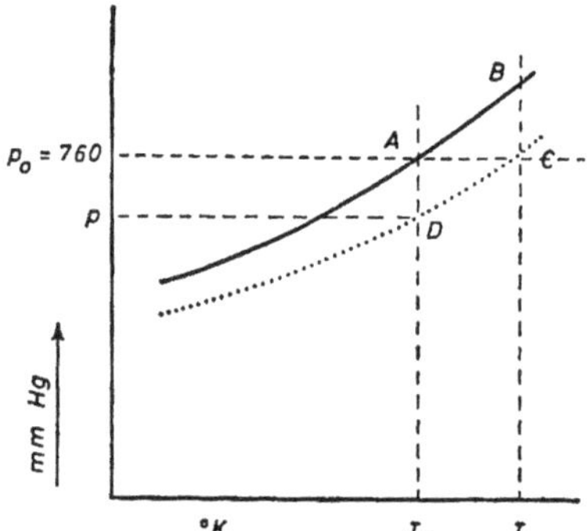

Fig. 6. Elevación del punto de ebullición.

temperatura. Por los puntos de intersección A y C de ambas curvas con las horizontales trazadas por la ordenada de 760 mm Hg, se halla que el punto de ebullición del disolvente puro es T_0 y el de la solución, $T°$ K. La elevación del punto de ebullición será, por lo tanto,

$$\Delta T = T - T_0.$$

En soluciones suficientemente diluidas, la disminución de la presión de vapor, AD, en proporción con la presión de vapor total es tan reducida que los puntos A y B, así como los D y C, se encuentran muy próximos, y para este segmento de curva se puede admitir un curso lineal, de modo que $AB = AD$. Podemos aplicar entonces la ecuación de Clausius-Clapeyron (14a) (pág. 25) y obtenemos:

$$\frac{dp}{dT} = \frac{BC}{AC} = \frac{p_0 - p}{\Delta T} = \frac{r \cdot p_0}{24.19 \cdot \mathbf{R} \cdot T^2}$$

o bien,

$$\Delta T = \frac{24.19 \cdot \mathbf{R} \cdot T^2 \cdot (p_0 - p)}{r \cdot p_0} \tag{26}$$

como relación entre la elevación del punto de ebullición, el calor de evaporación molar, r (en cal), y la disminución relativa de la presión de vapor, en cuya fórmula hay que sustituir $\mathbf{R} = 0.08206$. La elevación del punto de ebullición en función de la presión osmótica, P, de la solución, se obtiene después de sustituir $\frac{p_0 - p}{p_0}$ por $\frac{P \cdot v_{\text{liq.}}}{\mathbf{R} \cdot T_0}$, según la ecuación (24$a$), como:

$$\Delta T = \frac{24.19 \cdot T_0 \cdot P \cdot v_{\text{liq.}}}{r} \tag{26a}$$

La elevación del punto de ebullición de las soluciones diluidas es, pues, al igual que la disminución relativa de la presión de vapor, directamente proporcional a la presión osmótica.

Como, además, según la ecuación (20) tenemos

$$P = \frac{n \cdot \mathbf{R} \cdot T_0}{v}$$

se deduce:

$$\Delta T = \frac{24.19 \cdot T_0^2 \cdot \mathbf{R} \cdot n \cdot v_{\text{liq.}}}{r \cdot v} \tag{26b}$$

en donde n representa el número de moles de soluto en v litros del disolvente. Para la *elevación molar del punto de ebullición*, ΔT_m, es decir, para la elevación del punto de ebullición experimentada por la solución simplemente molar respecto al disolvente puro, se obtiene entonces ($n = 1$ y $v = 1$):

$$\Delta T_m = \frac{24.19 \cdot T_0^2 \cdot \mathbf{R} \cdot v_{\text{liq.}}}{r} = \frac{1.985 \cdot T_0^2 \cdot v_{\text{liq.}}}{r} \tag{26c}$$

Si se define, como se hace en general, la elevación molar del punto de ebullición por *constante ebulloscópica*, $E_{\text{eb.}}$, en forma algo distinta, o sea, como la elevación del punto de ebullición que se produce por disolución de 1 mol de una sustancia en 1 000 g de disolvente, tenemos que sustituir en la ecuación (26b) los valores $n = 1$, $v = \frac{1}{D}$ y $v_{\text{liq.}} = \frac{M}{1\,000\, D}$, en donde D representa la densidad y M el peso molecular del disolvente, con lo que obtenemos:

$$E_{\text{eb.}} = \frac{1.985 \cdot T_0^2 \cdot M}{r \cdot 1\,000} \tag{26d}$$

La elevación molar del punto de ebullición calculada por esta ecuación para el agua:

$$E_{\text{eb.}}H_2O = \frac{1.985 \cdot (373)^2 \cdot 0.018016}{9\,732} = 0.510^\circ \text{ C.}$$

concuerda muy bien con el valor procedente de cuidadosos ensayos experimentales = 0.515° C. También ha podido confirmarse la exactitud de las fórmulas deducidas con otros disolventes y con las sustancias disueltas más diferentes. Solamente hay que suponer siempre que la sustancia disuelta no se disocia y que el vapor del disolvente obedece a la ecuación de estado (8), esto es, que en todo caso no se encuentra parcialmente en forma disociada o asociada. La determinación de la elevación del punto de ebullición de una sustancia cualquiera en un disolvente que satisface a esta condición es un método característico para determinar el peso molecular, M, de la sustancia disuelta.

De modo exactamente análogo, si no aún más preciso, se puede determinar el peso molecular que muestra una sustancia cualquiera en solución por medio del

Descenso del punto de congelación

Este se produce de modo completamente general en las soluciones cuando al enfriarse éstas se separan cristales del disolvente puro, y en el caso de soluciones acuosas, cristales de hielo puro, sin contenido ninguno de la sustancia disuelta (esto es, en ningún caso *cristales mixtos*). A causa de la pérdida de disolvente puro, la solución que queda debe concentrarse, por lo que sólo pueden separarse algunas cantidades adicionales de disolvente sólido por descensos posteriores de la temperatura. Al contrario que en las sustancias puras, que se solidifican inmediatamente por debajo de su punto de congelación hasta el último residuo, entendemos por punto de congelación de una solución la temperatura a la cual justamente empiezan los primeros indicios de la separación del disolvente sólido. A esta temperatura debe ser entonces la presión de vapor de la solución igual a la del disolvente sólido que se separa (véase pág. 51).

En el diagrama de la figura 7, la curva de trazo continuo, AB, representa de nuevo el curso de la presión de vapor del disolvente puro y la línea de puntos, ED, el de la presión del vapor de la solución. Desde la temperatura de congelación, T_0, del disolvente se indica la curva de la presión de vapor del disolvente subenfriado por la línea de trazo grueso, *AF*, que se prolonga algo más. La curva no varía de dirección bruscamente en el paso sobre esta región metastable. En cambio, la presión de vapor de la fase sólida del disolvente tiene otra característica, y por ello en

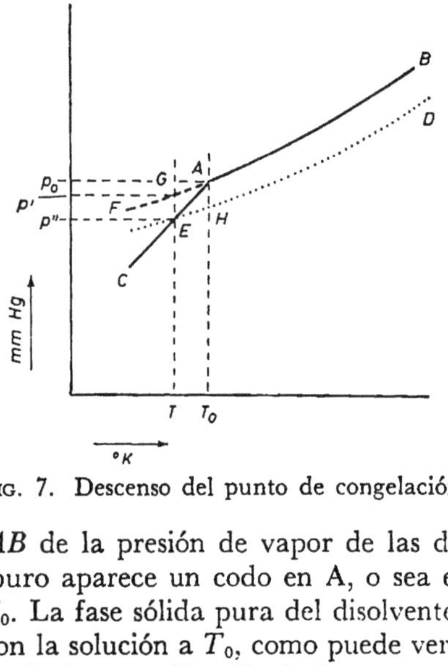

FIG. 7. Descenso del punto de congelación.

el curso *CAB* de la presión de vapor de las dos fases del disolvente puro aparece un codo en A, o sea en su punto de fusión T_0. La fase sólida pura del disolvente no está en equilibrio con la solución a T_0, como puede verse, sino sólo en el punto de intersección, *E*, de las curvas *ED* y *CA*, esto es, a la temperatura *T*.

Según la ecuación de Clausius-Clapeyron, el coeficiente de temperatura $\frac{dp'}{dT}$ para la presión de vapor del disolvente líquido a la temperatura T_0, se obtiene por:

$$\frac{dp'}{dT} = \frac{p_0 \cdot r}{24.19 \cdot \mathbf{R} \cdot T_0^2}$$

En virtud de la deducción de esta ecuación (pág. 25) encontramos que el coeficiente de temperatura $\frac{dp''}{dT}$ para la presión de vapor del disolvente sólido a la temperatura T_0, debe ser:

$$\frac{dp''}{dT} = \frac{p_0 \cdot (r + l)}{24.19 \cdot \mathbf{R} \cdot T_0^2}$$

donde l representa el calor de fusión del disolvente.

Como podemos considerar los segmentos AE y AF de la curva como rectilíneos (con mayor aproximación en las soluciones diluidas), cuando p_0 y p representen respectivamente las presiones de vapor del disolvente y de la solución a $T_0°$, se tendrá:

$$p_0 - p = \mathrm{AH} = \mathrm{FE} = \mathrm{GE} - \mathrm{GF}$$

y entonces

$$\frac{dp'}{dT} = \frac{\mathrm{GF}}{\mathrm{GA}} = \frac{\mathrm{GF}}{T_0 - T}$$

$$\frac{dp''}{dT} = \frac{\mathrm{GE}}{\mathrm{GA}} = \frac{\mathrm{GE}}{T_0 - T}$$

$$\frac{dp''}{dT} - \frac{dp'}{dT} = \frac{\mathrm{GE} - \mathrm{GF}}{T_0 - T} = \frac{p_0 - p}{T_0 - T}$$

La diferencia que se encuentra en el primer miembro es, además, según las ecuaciones dadas al comienzo, $= \frac{l}{24.19 \cdot \mathbf{R} \cdot T_0^2}$, así que para el descenso del punto de congelación $T_0 - T = \Delta T'$, resulta la expresión:

$$\Delta T' = \frac{24.19 \cdot \mathbf{R} \cdot T_0^2}{l} \cdot \frac{p_0 - p}{p_0} \qquad (27)$$

que coincide con la ecuación que se verifica en la elevación del punto de ebullición, excepto en que en lugar del calor latente de evaporación, r, aparece aquí en el denominador el calor latente de fusión del disolvente, l.

Se puede obtener de nuevo el descenso del punto de congelación en función de la presión osmótica, P, de la solución, por la sustitución de $\frac{p_0 - p}{p_0} = \frac{p \cdot v_{\text{liq.}}}{\mathbf{R} \cdot T_0}$, esto es:

$$\Delta T' = \frac{24.19 \cdot T_0 \cdot P \cdot v_{\text{liq.}}}{l} \tag{27a}$$

Además, podemos hacer la sustitución $P = \frac{n \ \mathbf{R} \cdot T_0}{v}$,

y entonces obtenemos:

$$\Delta T' = \frac{24.19 \cdot T_0^2 \cdot \mathbf{R} \cdot n \cdot v_{\text{liq.}}}{l \cdot v} \tag{27b}$$

en donde de nuevo n representa el número de moles de sustancia disuelta en v litros del disolvente, $v_{\text{liq.}}$ el volumen molar del disolvente en litros y sustituiremos $\mathbf{R}$ por su valor $= 0.08206$.

De modo análogo a como obtuvimos la fórmula para la elevación molar del punto de ebullición obtenemos también el descenso molar del punto de congelación ($n = 1$ y $v = 1$):

$$\Delta T_m' = \frac{1.985 \cdot T_0^2 \cdot v_{\text{liq.}}}{l} \tag{27c}$$

y, si definimos esta magnitud llamada *constante crioscópica*, E_c, por el descenso del punto de congelación producido por disolución de 1 mol de una sustancia en 1 000 g de disolvente, tendremos:

$$E_c = \frac{1.985 \cdot T_0^2 \cdot M}{1\,000 \cdot l} \tag{27d}$$

En esta fórmula, M representa, como antes, el peso molecular del vapor de disolvente, l el calor de fusión molar (cal./mol) y T_0 la temperatura de fusión (° K.) del disolvente.

El descenso del punto de congelación producido por 1 mol de una sustancia en 1 000 g de agua, se calcula, según esta ecuación, por:

$$T'_{H_2O} = \frac{1.985 \cdot (273)^2 \cdot 18.016}{1\,000 \cdot 1\,437} = 1.86° \text{ C.}$$

valor que coincide perfectamente con el medido en la práctica.

En resumen, podemos decir que la presión osmótica, la disminución relativa de la presión de vapor, la elevación del punto de ebullición y el descenso del punto de congelación de las soluciones representan magnitudes que, al menos en el caso de dilución suficiente, aumentan proporcionalmente al contenido de moles de soluto en la solución (mol/l). Por tanto, si conocemos el valor de estas magnitudes para una cantidad de soluto de 1 mol/l, estamos siempre en situación de poder calcular, por la medición de cualquiera de estas propiedades de la solución, la cantidad de moles de soluto y, por consiguiente, el peso molecular de la sustancia disuelta, es decir, aquel con el que se presenta en la solución considerada.

Ante todo se halla basado rigurosamente desde el punto de vista termodinámico el hecho de que las soluciones isotónicas (iso-osmóticas) de sustancias diferentes en el mismo disolvente deben tener la misma disminución relativa de la presión de vapor, igual elevación del punto de ebullición e idéntico descenso del punto de congelación, por cuanto la fase de vapor, y correspondientemente la fase sólida que se separa en el punto de congelación, es de disolvente puro, es decir, está libre de la sustancia disuelta. Todos los métodos de investigación citados se basan pues en una determinación de la presión osmótica y, por ello, pueden designarse en general *métodos osmóticos*. Según los numerosísimos resultados experimentales, que no pueden citarse aquí, los números obtenidos por este camino ofrecen mucha confianza para decidir del estado de división molecular de la sustancia disuelta en una solución. Por ello se puede decidir con gran seguridad si una sustancia determinada está disuelta en forma monomolecular en un disolvente o si se encuentra en forma de moléculas asociadas o disociadas y, en este caso, hasta qué grado de asociación o disociación.

El comportamiento osmótico de los electrólitos

Al ampliar las mediciones osmóticas a las soluciones de ácidos, bases y sales, buenos conductores de la electricidad (de preferencia, soluciones acuosas), resulta en general que muestran efectos osmóticos considerablemente más fuertes que los que deberían presentar según sus fórmulas. Antes de postularse la teoría de la disociación, este comportamiento era incomprensible. Para soluciones muy diluidas de electrólitos binarios fuertes, como NaCl, se encontraban valores que llegaban a ser el doble de los esperados, así, por ejemplo, una presión osmótica doble, una elevación del punto de ebullición y un descenso del punto de ebullición también dobles de los que eran probables con arreglo a su fórmula sencilla. En los electrólitos ternarios y cuaternarios, como $CaCl_2$ y $K_3Fe(CN)_6$, se obtienen justamente valores casi triples, o cuádruples, respectivamente, de los esperados. Así hubo de admitirse que las sustancias mencionadas en sus soluciones fuertemente diluidas solamente tenían la mitad, la tercera y la cuarta parte, respectivamente, del peso molecular correspondiente a sus fórmulas. La otra deducción de que los electrólitos como NaCl se hallaban disociados en solución acuosa en átomos libres de Na y de Cl parecía, sin embargo, un punto de vista original, en contradicción con la experiencia.

Sólo S. Arrhenius se dio cuenta de que precisamente esta hipótesis tan extraña por absurda podía explicar en una forma muy sencilla tanto las altas presiones osmóticas de los electrólitos como los no menos enigmáticos fenómenos electrolíticos (véase Vol. I, pág. 94). El hecho de la aparición de los productos de descomposición separados espacialmente en la electrólisis, por un lado, y de otra parte el que la presión osmótica de las soluciones de electrólitos resultara frecuentemente un múltiplo de la normal, fueron los dos puntos de apoyo esenciales en que se basó la teoría de la disociación tan combatida en un principio. Del hecho de la alta presión osmótica de las soluciones de electrólitos buenos conductores, dedujo Arrhenius que las moléculas del electrólito están disociadas en átomos o grupos atómicos, cargados con electricidad de signo contrario, no sólo en un campo eléctrico sino también ya en su estado ordinario sin una acción eléctrica externa. Con otra hipótesis más, la de que los *iones* así formados producen osmóticamente el mismo efecto que las moléculas eléctricamente neutras de un no electrólito disuelto, resultó posible calcular además el grado de disociación de los electrólitos de forma sencilla por la presión osmótica medida directa o indirectamente.

Si designamos, como ya se ha hecho anteriormente, la fracción en forma disociada de un electrólito binario con α, y el número de moles contenidos en total en el litro de su solución, esto es, las porciones disociada y sin disociar, con n, puede calcularse su contenido molar por:

moléculas sin disociar . . . . $n\,(1-\alpha)$
en cationes . . . . $n \cdot \alpha$
en aniones, en número igual . . $n \cdot \alpha$

En conjunto, en la solución no hay pues n moles sino $n(1+\alpha)$ moles, que se comprende son partículas del electrólito que se mueven libremente. En proporción a este número de partículas incrementado deben aumentar también la presión osmótica y las variaciones de los puntos de ebullición y de congelación. Si observamos entonces que la solución del electrólito en vez de los efectos osmóticos que eran probables para el número de moles n, muestra en realidad efectos osmóticos i veces más grandes, deberá ser el número de moles: $n \cdot i = n(1 + \alpha)$, es decir, $i = 1 + \alpha$ y, por consiguiente, con el valor i medido podemos calcular el grado de disociación α.

Una solución de NaCl $\frac{N}{100}$ debía, por ejemplo, mostrar un descenso del punto de congelación exacto al de una solución de azúcar $\frac{N}{100}$, esto es, de 0.0186° C. En lugar de este valor, se encuentra, sin embargo, 0.0360°, es decir $i = 1.94$ y, por lo tanto, $\alpha = 0.94$.

Se obtiene, pues, en esta forma, el mismo valor para el grado de disociación que el que habíamos calculado con anterioridad (Vol. I, pág. 153) para la solución en cuestión por la relación de las conductividades equivalentes.

De modo análogo, se obtiene también en otras muchas soluciones de electrólitos el grado de disociación por mediciones de conductividad, si bien no siempre con tan buena concordancia con los valores osmóticos. No obstante, a la luz de los nuevos conocimientos, los valores obtenidos por ambos métodos no siempre corresponden a las relaciones reales. Como ya se indicó en el tomo I, página 164, antes bien, es preciso admitir que los electrólitos fuertes están totalmente disociados en iones y el hecho de los efectos osmóticos demasiado bajos en ellos debe atribuirse a causas especiales de las que ha de hablarse más adelante.

Debe observarse aún que la relación deducida antes para electrólitos binarios $i = 1 + \alpha$, en el transporte correspondiente a los electrólitos ternarios toma la forma $i = 1 + 2\alpha$ y para electrólitos con número x de iones, la forma:

$$i = 1 + (x - 1)\alpha \tag{28}$$

Sin embargo, esta ecuación tampoco reproduce correctamente las relaciones cuando se pueden considerar las moléculas de un electrólito de un número x de iones en la fracción $(1 - \alpha)$ como sin disociar y en la fracción α como complemento disociadas en x iones. Esto sucede, en general, en los electrólitos fuertes polinarios (por ejemplo, $BaCl_2$, K_2SO_4) de modo que el valor i en ellos con dilución creciente tiende a 3. También puede darse el caso de que un electrólito polinario, como ocurre justamente, por ejemplo, con $NaHCO_3$, sólo esté disociado en gran medida con arreglo a la ecuación:

$$NaHCO_3 \rightarrow Na^{\cdot} + HCO_3'$$

y que, sin embargo, la ulterior disociación de los *iones intermediarios,* $HCO_3' \rightarrow H^{\cdot} + CO_3''$, sólo se exteriorice en grado más débil. El comportamiento de estos electrólitos ternarios es entonces, si se exceptúa el caso de una dilución extremadamente alta, apenas diferente de la de uno binario, esto es, el valor límite para el factor i al aumentar la disolución no llega a 3, sino prácticamente sólo al valor 2.

CAPITULO III

ELEMENTOS GALVANICOS Y POLARIZACION

Resumen de los tipos de elementos galvánicos

Algunas fuentes de corriente electroquímicas y, entre ellas, la pila de Volta (Vol. I, pág. 21), la pila de Daniell (Vol. II, pág. 26) y el acumulador de plomo (Vol. II, pág. 38) ya han sido brevemente estudiadas. En lo que sigue insistimos sobre lo ya expuesto con carácter general acerca de las fuentes de corriente en el volumen I, páginas 36-38.

En su construcción, todos los elementos galvánicos se parecen mucho a una célula electrolítica. En unos y otra vemos, en el caso de la disposición más sencilla, dos conductores metálicos separados entre sí y bañados por un electrólito. Al paso de una corriente eléctrica por una célula electrolítica, lo mismo que al fluir una corriente de descarga por el arco (o conductor) de cierre de circuito de un elemento galvánico, el electrólito que separa los electrodos, queda sometido a electrólisis. La diferencia consiste, pues, solamente en el hecho de que las transformaciones que aparecen en los electrodos con este flujo de corriente exigen consumo de energía en una célula electrolítica, o en todo caso se verifican energéticamente neutras, mientras que, en cambio, en un elemento galvánico regularmente se producen con liberación de energía. Las alteraciones producidas en los electrodos por la electrólisis (tanto en lo que se refiere a las sustancias allí existentes como al estado que predomina) representan en el primer caso una adición de energía con respecto del estado inicial, o ninguna variación del contenido de energía de la célula, y, regularmente, por el contrario el elemento galvánico, una disminución de su contenido en energía libre.

Por consiguiente, la electrólisis del electrólito en un elemento galvánico transcurre siempre libremente, es decir, el electrólito sufre electrólisis sin aplicación a los electrodos de la tensión de una fuente de corriente extraña. Necesitamos solamente unir entre sí los dos conductores de corriente o polos del elemento galvánico, o mediante un arco de cierre de circuito, para que la electrólisis pueda producirse por sí misma. La energía eléctrica cedida por el elemento en esta forma puede ser utilizada en el arco del circuito como energía calorífica, o, si se emplea como circuito de cierre un motor eléctrico adecuado, como energía mecánica, esto es, en la forma que se desee.

Del mismo modo que se puede imaginar el proceso total que se verifica en una célula electrolítica descompuesta en dos procesos parciales, también es característico de un elemento galvánico el curso de dos reacciones parciales en los electrodos, el ánodo y el cátodo (Vol. I, pág. 120), separados espacialmente, y las cuales sólo dependen funcionalmente de la proporción de la sustracción de corriente. En lo que se refiere a la designación de los electrodos hay que tener en cuenta que en general entendemos por cátodo el electrodo desde el cual emigran o pasan las cargas negativas de la fase metálica a la fase del electrólito. Si un elemento galvánico se descarga sobre un conductor exterior, en este circuito eléctrico salen cargas negativas del electrodo del polo negativo y entran en el electrólito por el positivo. Por ello, en la descarga hay que designar como cátodo el electrodo del polo positivo y, por consiguiente, como ánodo el negativo.

El lugar donde se forma la fuerza motriz, es decir, la f.e.m. de un elemento galvánico, es el correspondiente en general a dos o más superficies límites, o interfases, en las cuales se ponen en contacto cuerpos de composición química diferente *(electricidad por contacto)*. Los cuerpos de distinta composición pueden estar lo mismo en fases distintas que en soluciones de distinta composición o concentración homogéneamente miscibles entre sí. Para esquematizar en fórmulas un elemento galvánico se escriben adecuadamente las fórmulas químicas y las concentraciones de las sustancias o de las fases que limitan entre sí, consecutivamente, y se representa el límite que separa las fases o interfase, o sea las zonas de difusión, por un trazo vertical o inclinado, y en este esquema aún se pueden designar los polos terminales, con arreglo a su polaridad, con los signos + y —. Así, el esquema

+ Cu/sol. saturada $CuSO_4$/sol. $ZnSO_4$ de 1 Val por l/Zn —

representaría, por ejemplo, un elemento Daniell en el que se encuentran, por un lado Cu en solución saturada de $CuSO_4$ y de otra parte Zn en solución normal de $ZnSO_4$.

Una característica esencial de una disposición de este tipo, que deba funcionar como fuente de corriente, es que siempre existe en ella una asimetría, ya sea en el orden de agrupación de las sustancias, o en lo referente a la concentración de las sustancias activas, o al estado que domina en cada una de las zonas de contacto o interfases de las sustancias. En esta asimetría se basa el contenido de energía libre del sistema. Si se unen los terminales de la pila (polos) por un arco de cierre de circuito, en el circuito formado fluirá una corriente eléctrica en el sentido necesario para que desaparezca la asimetría existente y, con ella, su contenido en energía libre.

Entre los dos polos Cu de la disposición:

Cu/sol. $CuSO_4$/Cu

no puede aparecer por ejemplo ninguna f.e.m., porque, en este caso, la diferencia de potencial que existe entre Cu y la solución de su sulfato, es igual por ambos lados.

La condición esencial de asimetría para que llegue a establecerse una fuente de corriente puede realizarse en formas distintas que originan elementos de las clases más diferentes:

1. En las *pilas físicas,* que en sentido riguroso no han de contarse como elementos galvánicos, por creación o mantenimiento de distintas condiciones de estado en los límites de las fases, o interfases, particulares:
   a) Manteniendo en la pila una caída de temperatura como cuando, por ejemplo, en la disposición antes citada se calienta un electrodo de Cu y el otro se enfría. Los sistemas de esta clase, cuya f.e.m. en general es sólo pequeña, se designan, como los elementos conocidos en la Física por *termopilas* (o *pares termoeléctricos),* y constituidos simplemente por fases metálicas (por ejemplo, el termoelemento $\underbrace{-\mathrm{Sb}}_{\text{frío}}/\underbrace{\mathrm{Bi}/\mathrm{Sb}+}_{\text{caliente}}$, que tiene la f.e.m. o *termoeléctrica* relativamente alta de 0.117 mV/por cada grado centígrado de diferencia de temperatura entre los lugares de soldadura frío y caliente).
   b) Si en lugar de la temperatura variamos la presión en el medio que rodea a un electrodo respecto a la del que rodea al otro, obtenemos igualmente una cierta f.e.m. entre los dos polos de Cu. Las pilas de este tipo se pueden preparar más sencillamente introduciendo uno de los electrodos de Cu en el electrólito a gran profundidad y dejando el otro en la superficie. Los elementos de este tipo se designan por *pilas de gravitación,* porque la energía eléctrica suministrada por ellas se basa en parte en la dismi-

nución de la energía potencial, que existe entre la del electrodo superior en forma de iones que se disuelven y la cantidad de metal precipitado sobre el inferior. A causa de su pequeña tensión, que puede llegar a ser susceptible de medición por intensificación del campo gravitatorio mediante una centrífuga, estas pilas no tienen ningún interés práctico aunque su interés científico no deja de ser considerable.

c) Si de dos electrodos iguales introducidos en un electrólito se ilumina uno y se deja el otro en la oscuridad se obtienen las *fotopilas.*

d) Si en dos electrodos líquidos constituidos por el mismo metal Hg, la superficie de uno de ellos se encuentra en estado de dilatación constante, mientras que la del otro queda invariable, o en estado de contracción continua, se forman las: *pilas electrocapilares* (Electrodo de goteo de mercurio).

2. En las *pilas de concentración* y de *líquidos* se procede de modo que se eligen, para construir el elemento, soluciones o, en general, fases (incluso gaseosas) de distinta concentración o de diferente composición:

a) Para ello se pueden introducir, por ejemplo, los dos electrodos de Cu de la disposición citada en soluciones de $CuSO_4$, de distinta concentración: + Cu/sol. saturada $CuSO_4$/sol. N/10 $CuSO_4$/Cu —. La f.e.m. de las pilas de este tipo se origina en la distinta concentración iónica (en el caso citado en la distinta concentración de iones Cu en ambos electrodos de Cu) y, por ello, se designan por *pilas de concentración iónica.*

b) En lugar de los dos electrodos de Cu del mismo tipo, se emplean electrodos de una amalgama y como electrólito una solución de una sal del metal amalgamado: —$Hg + 0.3\%$ Zn/sol. saturada $ZnSO_4$/ $Hg + 0.03\%$ Zn +. La asimetría reside en este caso en la distinta concentración del Zn, o sea del metal formador de iones (en la carga anódica), en los dos electrodos de amalgama. Por ello, estos elementos se denominan *pilas de concentración de formadores de iones.*

c) Cuando se ordenan en serie soluciones del mismo electrólito, aunque de distinta concentración, o cualesquiera soluciones de electrólitos de modo que puedan mezclarse entre sí por difusión pero no por convección. Las diferencias de potencial, en general insignificantes, que se establecen entre las soluciones se designan por *potenciales líquidos* y los elementos, cuya f.e.m. se basa en estas diferencias de potencial, por *pilas de líquidos.*

3. En las *pilas químicas* propiamente dichas, la asimetría se produce porque los dos electrodos o bien los medios que les rodean están constituidos por sustancias diferentes:

a) Se introducen dos metales distintos en un electrólito: *pilas de Volta.*

b) Dos metales distintos se introducen en dos soluciones separadas por diafragmas o zonas de difusión, de modo que cada uno de los dos electrodos se encuentre en contacto con una solución de una de sus sales: *pilas de Daniell.*

c) Uno de los electrodos está rodeado de un medio oxidante y el otro de un medio reductor: *pilas de oxidación-reducción.*

Solamente en los tres últimos casos citados, y en todo caso también en las pilas de líquidos, se trata en esencia de una transformación de energía química en energía eléctrica. En los elementos citados en el apartado 1 se realiza una transformación directa de energía mecánica, térmica o de radiación en energía eléctrica. También en las pilas de concentración resumidas en 2.*a)* y 2.*b)* se transforma en definitiva solamente energía volumétrica en energía eléctrica. Por cuanto la energía volumétrica no se considera como una clase determinada de energía química, sólo debieran examinarse las pilas comprendidas en 2.*c)* y en 3, si se quisiera atenerse rigurosamente a la definición dada, según la cual, en la Electroquímica solamente se trata de la transformación directa de energía química en eléctrica, y viceversa, de energía eléctrica en energía química. De todos modos, aquí solamente se omitirá el estudio de las pilas indicadas desde 1.*a)* a 1.*c)*, que son pilas puramente físicas.

El resumen precedente muestra las múltiples posibilidades para la preparación de elementos galvánicos, pero no se pretende que sea completa. Además, en una misma pila pueden realizarse simultáneamente dos, o tal vez más, de los tipos citados.

Polarización

Otra posibilidad de producir una asimetría en una ordenación simétrica, como Zn/sol. $ZnSO_4$/Zn, y de este modo fabricar un elemento galvánico, no se ha mencionado en el resumen precedente. Esta posibilidad consiste en pasar una corriente eléctrica, utilizando un electrodo como cátodo y otro como ánodo, por sustancias colocadas en serie, con lo que se electroliza el electrólito correspondiente.

Por el volumen I, página 128 y siguientes, sabemos que una electrólisis de este tipo tiene como consecuencia variaciones en las sustancias o, por lo menos, de sus concentraciones en los electrodos. Por cuanto los iones presentes en el electrólito se descargan en los electrodos y no reaccionan de modo secundario con el material de éstos ni con la solución, en la electrólisis se produce una disminución de la concentración del electrólito en el medio que rodea a ambos electrodos y precisamente las cantidades de electrólito que han emigrado de las proximidades del cátodo y del ánodo están en proporción inversa a las velocidades de migración del catión y del anión, que, en el caso de la electrólisis de una solución de $ZnSO_4$, están entre sí como 68:46 (véase vol. I, tabla 8, pág. 156). En el medio que rodea al cátodo, disminuye, por lo tanto, la concentración de $ZnSO_4$ más fuertemente que en el que rodea al ánodo. A esto hay que añadir aún que en el ejemplo citado, con el empleo de electrodos de Zn, solamente se descarga en realidad el catión sobre el electrodo de Zn conectado como cátodo y se deposita allí sin ulteriores reacciones secundarias y, que en cambio, el proceso en el ánodo de Zn no se basa en la separación de iones SO_4'', sino exclusivamente en la formación de iones $Zn^{\cdot\cdot}$ con arreglo a la ley de Faraday. Si, por consiguiente, pasamos 1 **F** por la solución de $ZnSO_4$ y evitamos que se igualen las concentraciones impidiendo la convección, en la proximidad del cátodo habrán desaparecido $\frac{68}{46 + 68}$ Val de $ZnSO_4$, mientras que el medio que rodea al ánodo se habrá empobrecido en $\frac{46}{46 + 68}$ Val de $ZnSO_4$ y simultáneamente se habrá enriquecido en 1 Val de $ZnSO_4$, o sea, en total mostrará el excedente de $\frac{68}{46 + 68}$ Val de $ZnSO_4$. Con esto, al paso de la corriente se habrá creado una pila de concentración en la cual el electrodo que funciona como cátodo está sumergido en la solución más diluida de $ZnSO_4$ y el que funciona como ánodo en la más concentrada. Si se interrumpe la corriente, el electrodo que se encuentra en la solución de $ZnSO_4$ más concentrada mostrará, por consiguiente, una tensión positiva respecto al otro electrodo. Así pues, de la célula electrolítica antes simétrica y sin ninguna diferencia de tensión ha surgido por el paso de corriente eléctrica un elemento galvánico cuya f.e.m. de todos modos es bastante baja, a causa de que la diferencia de concentración tan sólo es insignificante. En otras palabras, la disposición se ha *polarizado* por el paso de la corriente. Al contrario que la *polarización de resistencia* (véase vol. I, pág. 142) esta *polarización de concentración* no solamente existe durante el paso de corriente, sino que se mantiene por algún tiempo después de interrumpida la misma. La diferente polaridad de los dos electrodos de Zn persiste y se puede comprobar después de desconectar la corriente electrolizante por tanto más tiempo cuanto mejor se procure que no desaparezca, por difusión o por convección, la diferencia de concentración producida por el flujo de corriente. En esta disposición, el signo de la carga eléctrica de los dos electrodos de Zn es de sentido opuesto al de la corriente electrolizante y durante la electrólisis hay que vencer una tensión opuesta que aumenta al crecer la diferencia de concentración. Para obtener la diferencia de concentración, es decir, para anexionar una cierta cantidad de energía volumétrica, es preciso, por lo tanto, consumir en la célula energía eléctrica, que luego puede ceder de nuevo el elemento galvánico después de interrumpir el paso de la corriente polarizante, en tanto no se consuma por sí misma en procesos irreversibles de sentido inverso.

Se entiende entonces por *polarización* no solamente el fenómeno en el aspecto cualitativo, de que una disposición u ordenación bajo la acción de una corriente eléctrica adquiera polaridad eléctrica, sino también, en sentido cuantitativo, adquiera, con el flujo de una corriente que se le envíe o se le sustraiga, la cantidad de tensión eléctrica para que varíe la tensión en los bornes de una célula electrolítica, o de un elemento galvánico, frente a su f.e.m., o bien, en resumen y en general, de cualquier electrodo frente a su potencial en reposo. La polarización, por consiguiente, se mide en voltios y se refiere a una determinada intensidad de corriente y a un tiempo de flujo de corriente. Esta cantidad de tensión se compone aditivamente en la forma siguiente:

1. De la caída de tensión puramente *óhmica* a causa de la resistencia interna del sistema considerado, es decir, de la *polarización de resistencia* que deja de existir inmediatamente después de la interrupción de corriente.
2. De la diferencia de tensión atribuida a los desplazamientos de concentración antes mencionados, que es igual a la f.e.m. de la pila de concentración formada *(polarización de concentración)*.
3. De las variaciones de sustancias en los electrodos al paso de la corriente, que igualmente tienen por consecuencia variaciones de tensión en general más fuertes de las que se producen únicamente por variaciones de concentración.

Las diferencias de tensión mencionadas en 2 y 3 persisten, a diferencia de la citada en 1, por más o menos tiempo luego de interrumpir la corriente.

La cantidad de tensión mencionada en 3 se designa por *polarización química*. En todas las pilas químicas, como las que se citaron en el resumen dado, la f.e.m. que existe entre los dos electrodos y el suministro de corriente de la pila cerrada por un arco de circuito se deben siempre a la presencia de sustancias activas sobre los dos electrodos del elemento e inevitablemente van ligados a la transformación electroquímica de estas sustancias.

No tiene importancia cuál ha sido el camino por el que se llevaron sobre los electrodos los agentes activos. Por ejemplo, es indiferente que los dos electrodos de platino sumergidos en ácido clorhídrico diluido y cubiertos con tubos o buretas de recogida de gases (como en la figura 13, vol. I, pág. 87) estén rodeados de gas Cl_2 o de H_2, porque al enviar una corriente eléctrica por la disposición u ordenación se separe sobre el ánodo Cl_2 y sobre el cátodo H_2, o bien que conduzcamos a los tubos de recogida por una parte Cl_2 y H_2 por otro lado, obtenidos por camino puramente químico y separados de antemano. En ambos casos, el *elemento de gas detonante cloro* alimentado con los dos gases distintos, tiene su f.e.m. peculiar de 1.37 V cuando se emplea como electrólito HCl N y la presión parcial del H_2 en un electrodo, lo mismo que la del Cl_2 en el otro, es de 760 mm Hg, o sea de 1 atm.

La polarización química de una célula electrolítica significa pues que hemos enviado por ella una corriente eléctrica, que la ha convertido en un elemento galvánico a causa de la separación electrolítica en los electrodos de sustancias electroquímicamente activas. Como, en todo caso, las sustancias separadas electrolíticamente, a causa de su actividad intensificada transitoriamente (contenido de energía más alto) suministran una f.e.m. más alta, y por lo demás es indiferente, sin embargo, el que las sustancias activas se hayan llevado a los electrodos por electrólisis o por cualquier otro camino, el conocimiento de la polarización química está ligado de modo más estrecho con el conocimiento de la f.e.m. de cada elemento galvánico.

En tanto una sustancia funcione en un electrodo (páginas 34 y sigs.) en forma reversible (por ejemplo, recordemos el Cu activo en un elemento Daniell), el potencial del electrodo puede considerarse como invariable si el electrodo está cargado anódica o catódicamente con una intensidad pequeña en relación con su magnitud. De este modo, las variaciones de potencial que se establecen respecto al potencial de reposo, es decir, respecto al potencial del electrodo descargado, se deben entonces exclusivamente a las variaciones de concentración del electrólito, que inevitablemente van unidas al paso de cargas eléctricas del electrodo al electrólito, o a la inversa. Por reducción de la intensidad de la corriente o por elección de electrodos suficientemente grandes, lo que en esencia significa lo mismo, se puede llegar casi a la desaparición de la polarización de concentración. Se habla entonces de *electrodos no polarizables,* cuyo potencial frente al del electrólito, o, también, respecto a un electrodo de referencia igualmente no polarizable, queda invariable cuando se carga con corrientes débiles, ya sea el cátodo o el ánodo.

Tensión de descomposición

Las sustancias separadas en la electrólisis sobre los electrodos en una célula electrolítica, genera una f.e.m. de sentido opuesto a la corriente electrolizante, de modo que la electrólisis llega a un punto muerto o estado de reposo tan pronto como dichas sustancias se hayan depositado en concentración suficiente para que la tensión motriz de la corriente electrolizante no alcance a vencer la f.e.m. producida por las sustancias depositadas. Por esta causa, para que prosiga la electrólisis de una solución, exceptuando el caso en que se presente un elemento galvánico o se trate de una célula electrolítica provista de electrodos no polarizables (por ejemplo, un voltámetro de plata o de cobre, véase vol. I, págs. 90 y 91), se necesitará una cierta tensión mínima, que se designa por *tensión de descomposición* de la solución considerada, cuando se efectúa la electrólisis entre dos láminas de platino como ánodo y como cátodo.

Si se lleva a un sistema de coordenadas la intensidad de corriente que fluye en todo momento por una célula de descomposición en función de la magnitud de tensión aplicada, se obtiene una *curva de tensión de corriente* que en general muestra la forma representada en la figura 8. Explicaremos el curso de esta curva con el ejemplo de la pila de gas detonante de cloro, es decir, de la electrólisis de HCl diluido entre electrodos de platino.

Para construir la curva se realiza la electrólisis aplicando, desde un alambre o conductor de caída determina-

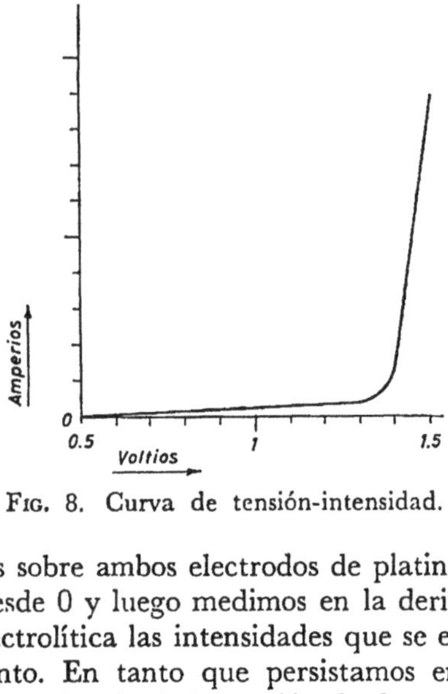

Fig. 8. Curva de tensión-intensidad.

da, tensiones sobre ambos electrodos de platino que vayan creciendo desde 0 y luego medimos en la derivación de la corriente electrolítica las intensidades que se establecen en cada momento. En tanto que persistamos en el empleo de HCl, *N*, por debajo de la tensión de descomposición de 1.37 V, sólo pasarán corrientes muy bajas que aumentarán linealmente con el aumento de la tensión aplicada. Se designan estas corrientes por *corrientes residuales.* Su existencia se explica en la forma siguiente. La tensión aplicada menor a 1.37 V no es suficiente para generar H_2 y Cl_2 con presión igual a la atmosférica, ni, por consiguiente, para formar burbujas de gas en ambos electrodos, pero, sin embargo, permite la formación de pequeñas cantidades de ambos gases en forma disuelta, o en oclusión, en las superficies de los dos electrodos, que al principio quedan en su punto y lugar. Al interrumpir la electrólisis se observa ya, mediante un voltímetro aplicado a los electrodos de platino, que las pequeñas cantidades de sustancias separadas en ambos lados generan una f.e.m. de sentido opuesto a la tensión aplicada, por lo que las dos láminas de platino inmediatamente después de desconectar la corriente polarizante muestran una diferencia de potencial no menor numéricamente que la aplicada antes a los dos electrodos. Sólo baja gradualmente esta tensión de nuevo a cero de acuerdo con el consumo de corriente del voltímetro y la velocidad de consumo de las cantidades de Cl_2 y H_2 polarizantes que se separan por ambos lados y que dependen de ella.

La separación de cantidades mínimas de Cl_2 y H_2 basta ya para que se polarice la disposición y de este modo se produzca un elemento galvánico. A toda tensión aplicada le corresponde una determinada concentración de los productos de la electrólisis separados en ambos electrodos. Por ello, debía esperarse que la corriente electrolizante llegara tan pronto a un punto muerto, es decir, bajara a cero, después de la separación de estas cantidades de sustancias. Por el contrario, a tensiones por debajo de 1.37 V se establece una corriente residual estacionaria. La explicación de ello reside en que las cantidades separadas de Cl_2 y H_2 no quedan en su punto y lugar sino que gradualmente salen del lugar donde se formaron, por difusión y convección, es decir, salen de las superficies de los electrodos y emigran al interior del electrólito. Las cantidades de las sustancias que se van perdiendo se reponen paulatinamente por la corriente residual constante, en la misma medida en que emigran. Las cantidades de Cl_2 y H_2 que emigran de los electrodos polarizados reaccionan entonces químicamente, según las circunstancias, en el interior de la solución o se desprenden en el aire, de modo que no puede producirse la concentración de saturación en ambos gases correspondiente a la tensión aplicada, ni, por consiguiente, el descenso de la corriente residual a cero.

Sólo podrá llegar a un flujo más intenso la electrólisis de HCl *N* entre electrodos de platino cuando se suba la tensión aplicada por encima de 1.37 V. Observaremos entonces el desprendimiento de burbujas de Cl_2 y H_2 en el ánodo y en el cátodo, respectivamente, porque la tensión aplicada será suficiente para poner en libertad, a la presión atmosférica, los gases, en una concentración que exceda de su valor de saturación. En la curva de tensión de corriente, se puede reconocer el paso sobre la tensión de descomposición por una variación de dirección que aparece como un codo. Desde éste crece entonces de nuevo la intensidad de corriente, con el aumento de la tensión en los bornes, de modo casi lineal, aunque su inclinación o pendiente respecto a la magnitud de la tensión aplicada es muy grande.

La densidad de corriente límite

La intensidad de corriente con la cual una clase de iones se separa de un electrólito y se descarga sobre un electrodo, puede como máximo subir hasta un punto en que prácticamente desaparezca por completo dicho tipo de ion del medio que rodea inmediatamente a la superficie del electrodo, de modo que éste quede rodeado de una capa en la cual todos los iones de la clase considerada que en ella se difunden se descargan inmediatamente. Se llega más sencillamente a este estado con los electrodos de Hg, cuya superficie no aumenta por la depositación esponjosa del metal, sino que lo disuelve y lo absorbe más o menos. Si, por ejemplo, tenemos una célula electrolítica en la que se electroliza una solución de $ZnCl_2$ entre un cátodo pequeño de Hg y un ánodo de Hg mucho más grande y, por lo tanto, apenas polarizable, y aplicamos tensiones linealmente crecientes, se determinará la intensidad de corriente casi

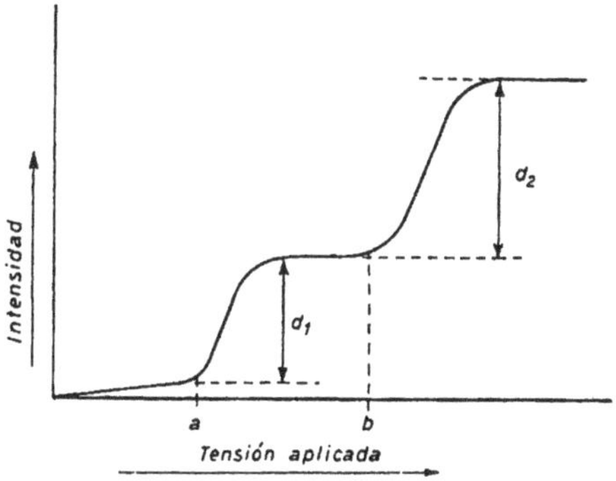

FIG. 9. Polarograma.

exclusivamente por su comportamiento en el electrodo pequeño de Hg. El curso de la intensidad de corriente se representa en la figura 9. La intensidad aumenta sólo poco al principio al aumentar la tensión, hasta que se llega a un punto *a* en que se ha alcanzado la tensión de depositación del Zn sobre Hg. Al pasar de este punto, la intensidad sube primero rápidamente y luego con más lentitud hasta un valor límite. Una vez alcanzada esta *densidad de corriente límite*, o *de difusión*, ya no sube más la intensidad de corriente aunque se eleve de nuevo la tensión aplicada. Se ha hecho pues independiente de ella, porque su magnitud ahora está determinada solamente por la velocidad de difusión, con la cual los iones $Zn^{\cdot\cdot}$ pueden atravesar la capa libre de $Zn^{\cdot\cdot}$ en dirección a la superficie de Hg.

La densidad de corriente límite aumenta por esto linealmente con la concentración de iones Zn presentes en la solución que se electroliza y, de este modo, a la inversa, por el aumento d_1 de la intensidad de corriente a causa de la depositación de iones $Zn^{..}$, se puede llegar a una conclusión sobre el contenido de esta clase de iones en la solución. Con una nueva elevación de la tensión aplicada en el punto *b* se alcanza, además, el potencial de separación de otra clase de iones contenida en la solución (que como es natural sólo puede tratarse de un metal menos noble que el Zn) y entonces aparece en la curva de tensión de corriente otro escalón, cuya altura d_2 corresponde al contenido en la solución de esta segunda clase de iones. El método analítico basado en este principio se denomina *análisis polarográfico*. El pequeño electrodo de Hg se dispone como electrodo de gota para evitar su polarización química.

Pila de Daniell

Como elemento galvánico reversible o que, por lo menos, trabaja reversiblemente en condiciones determinadas más o menos fáciles de realizar, hemos examinado ya la pila de Daniell, en las páginas 27 y 34. Como es sabido, entendemos por pila reversible, un elemento cuya capacidad máxima de trabajo eléctrico corresponde exactamente al contenido de energía libre por el proceso que en él se produce durante el consumo de corriente. Así, si conocemos esta reacción, o proceso, y además la cantidad máxima de trabajo que se puede obtener en el curso de la misma, es decir, su contenido de energía libre, podemos calcular a partir de ello la f.e.m. de la pila. Recíprocamente, a partir de la f.e.m. medida de un elemento que trabaja reversiblemente podemos calcular la energía libre de la reacción fundamental en él, porque entre la f.e.m. y la energía libre A existe la relación

$$A = n \cdot \mathbf{F} \cdot \text{f.e.m.}$$

cuando en una transformación, con arreglo a la ecuación de la reacción, se pone en marcha una cantidad de electricidad de n (valencia) equivalentes electroquímicos.

Ilustraremos las relaciones correspondientes, en primer lugar con el ejemplo del elemento Daniell ordinario:

$$Cu/\frac{n}{l}CuSO_4/\frac{n}{l}ZnSO_4/Zn$$

en donde $\frac{n}{l}$ $CuSO_4$ y $\frac{n}{l}$ $ZnSO_4$, representan respectivamente soluciones que contienen 1 mol de la sal correspondiente por litro (soluciones molares). Esta pila se basa en la reacción:

$$Zn + Cu^{++} \rightleftarrows Zn^{++} + Cu$$

Según la ley de acción de las masas, las sustancias que participan en la reacción, o sea Zn y Cu juntamente con las soluciones de sus sales, están en equilibrio cuando:

$$K = \frac{[Zn^{++}] \cdot [Cu]}{[Cu^{++}] \cdot [Zn]}$$

En la fórmula, [Cu] y [Zn] representan las concentraciones de saturación de los dos metales (no de los iones metálicos) en la solución acuosa de sus sales. Si disponemos entonces un elemento Daniell con las concentraciones $[Zn^{++}]$ y $[Cu^{++}]$ en equilibrio con Cu y Zn, éste, como sistema en equilibrio, no contendrá energía libre y, por lo tanto, mostrará una f.e.m. = 0.

Si en lugar de ello elegimos las concentraciones $n_{Zn^{++}}$, $n_{Cu^{++}}$, n_{Zn} y n_{Cu} para cada una de las especies moleculares en el medio que rodea al electrodo de Zn y al de Cu, el contenido de energía libre de un sistema como éste, según la ecuación de la isoterma de reacción (22a), será:

$$A = \mathbf{R} \cdot T \cdot \ln \frac{[Zn^{++}] \cdot [Cu] \cdot n_{Cu^{++}} \cdot n_{Zn}}{[Cu^{++}] \cdot [Zn] \cdot n_{Zn^{++}} \cdot n_{Cu}}$$

Las concentraciones [Cu] y n_{Cu}, así como [Zn] y n_{Zn} son idénticas, porque en cada caso se trata de la concentración de saturación de los átomos de metal en solución acuosa. Por ello, podemos anular estos valores entre sí y obtener, por transformación a logaritmos decimales, la expresión:

$$A = \mathbf{R} \cdot T \frac{1}{\log e} \log \frac{[Zn^{++}] \cdot n_{Cu^{++}}}{[Cu^{++}] \cdot n_{Zn^{++}}}$$

o bien, puesto que $A = n \cdot \mathbf{F} \cdot$ f.e.m.:

$$\text{f.e.m.} = \frac{\mathbf{R}T}{n \cdot \mathbf{F} \cdot \log e} \log \frac{[Zn^{++}] \cdot n_{Cu^{++}}}{[Cu^{++}] \cdot n_{Zn^{++}}}$$

Se midió la f.e.m. de la pila Daniell considerada, con soluciones que contenían 1 mol de Zn^{++} y de Cu^{++}, respectivamente, por litro y resultó ser de 1.10 V. Con este valor podemos calcular entonces la relación de las concentraciones $[Cu^{++}]$ y $[Zn^{++}]$ que están en equilibrio entre sí y junto a Zn y Cu, para lo que sustituimos las letras en la última ecuación citada por sus valores numéricos: $\mathbf{R} = 8.317$ vat/seg/°K./mol, $T = 291$, $n = 2$, $\mathbf{F} = 96\,500$ culombios y $n_{Cu^{++}} = n_{Zn^{++}} = 1$ mol del ion correspondiente por litro:

$$1.10 = \frac{8.317 \cdot 291}{2 \cdot 96\,500 \cdot 0.4343} \log \frac{[Zn^{++}]}{[Cu^{++}]}$$

$$\log \frac{[Zn^{++}]}{[Cu^{++}]} = 38.1$$

Si hacemos $[Zn^{++}] = 1$ mol/l, se obtiene:

$$[Cu^{++}] = 10^{-38.1}$$

Este resultado significa que el Zn separa el Cu de una solución molar de $CuSO_4$ hasta que la concentración de los iones Cu^{++} ha descendido al valor extraordinariamente bajo de $10^{-38.1}$ mol/l. Sólo con una solución tan enormemente empobrecida en iones Cu^{++} llega a estar el Zn en equilibrio.

Si sustituimos entonces $\frac{[Zn^{++}]}{[Cu^{++}]} = K$ por el valor obtenido de $10^{38.1}$, en la ecuación de la isoterma de reacción, se obtiene:

$$A = n \cdot \mathbf{F} \cdot \text{f.e.m.} = \mathbf{R} \cdot T \cdot \ln 10^{38.1} \cdot \frac{n_{Cu^{++}}}{n_{Zn^{++}}}$$

o, de modo absolutamente general para la f.e.m. de una pila Daniell constituida por los metales Cu y Zn:

$$\text{f.e.m.} = \frac{\mathbf{R} \cdot T}{n \cdot \mathbf{F} \cdot \log e} \left(38.1 + \log \frac{n_{Cu^{++}}}{n_{Zn^{++}}} \right)$$

Y por introducción de los valores numéricos de **R**, **F**, n y $\log e$:

$$\text{f.e.m.} = \frac{0.0002\, T}{2} \left(38.1 + \log \frac{n_{Cu^{++}}}{n_{Zn^{++}}} \right)$$

Podemos de este modo elevar la f.e.m. de la pila, para lo cual elegimos la concentración de iones Cu^{++}, $n_{Cu^{++}}$, en el medio que rodea al electrodo de cobre lo más alta posible (como solución saturada de $CuSO_4$) y la concentración de iones Zn^{++}, $n_{Zn^{++}}$, en el medio que rodea al electrodo de Zn lo más baja posible y entonces por cada potencia de diez que la concentración de iones Zn sea más baja que la de iones Cu, subirá la f.e.m., de acuerdo con la fórmula precedente, en 0.029 V, un valor que está en buen acuerdo con el que se mide realmente con estas variaciones de concentración.

La tensión de disolución de los metales

Con el fin de poder estudiar de modo general la f.e.m. de cualesquiera pilas Daniell, de las cuales naturalmente son posibles muchas combinaciones, lo más sencillo es examinar primeramente un electrodo único. En relación con este problema, sólo llegaron a hacerse comprensibles para nosotros las relaciones sobre el establecimiento de potencial en un metal introducido en un electrólito o en una solución de una de sus sales, gracias a las hipótesis desarrolladas en primer lugar por W. Nernst (1889). Según éstas, a cada metal le es propia una determinada *tensión de disolución,* es decir, una tendencia más grande (en los metales no nobles) o menos grande (en los metales nobles) a emitir sus iones a la solución en contacto con él. Sin embargo, los iones, esto es, átomos o moléculas cargados eléctricamente, sólo pueden ser cedidos a la solución por un metal introducido en ella en el caso de que no se le agregue ni se le sustraiga absolutamente ninguna carga eléctrica, cuando dicho metal ceda por sí mismo las cargas positivas necesarias para ello de su propia reserva de cargas positivas y negativas mutuamente saturadas. Toda variación en la relación de estas cargas debe producir, sin embargo, una variación correspondiente de potencial y de hecho el metal después de la cesión de cargas positivas mostrará un exceso correspondiente en cargas negativas y, con ello, un potencial situado hacia el lado negativo.

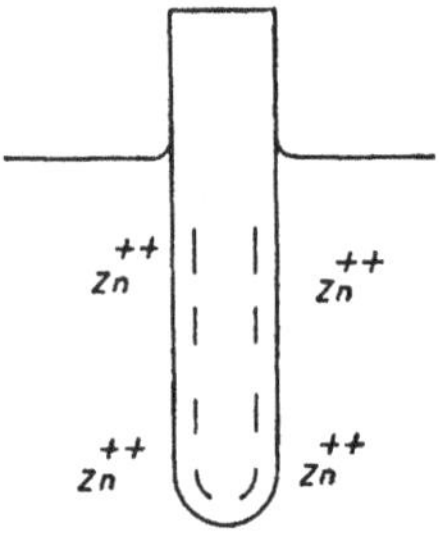

FIG. 10. Tensión de disolución.

En la figura 10 se representa en forma esquemática una barra de Zn que ha cedido a la solución que la rodea cuatro iones Zn^{++}, por lo cual contiene ocho cargas negativas en exceso. En el límite de fases o interfase Zn/solución se hallan entonces, por un lado las cargas eléctricas negativas del metal y por el otro los iones del metal cargado positivamente, que se encuentran en la solución, en frente unas de otros, como una *doble capa* (véase vol I, pág. 19), como en un condensador.

La cesión de iones de Zn por parte de un electrodo de metal introducido en la solución se efectúa así lentamente hasta que el potencial del mismo se llega a hacer tan fuertemente negativo frente a la solución que con una elevación más, aunque sea insignificante, de esta diferencia de potencial, se despojan, de modo inverso, de sus cargas positivas los iones de Zn^{++} que se encuentran en solución y se depositan como metal. Las cargas negativas presentes en exceso en el lado de metal de la doble capa se hallan así pues en equilibrio con los iones metálicos del lado del electrólito y la posición de este equilibrio viene dada por la diferencia de potencial entre el metal y la solución.

La diferencia de potencial entre el metal y la solución será tanto más grande cuantos menos iones del metal estén en la solución desde un principio y, por otro lado, tanto más pequeña cuanto más alta sea la concentración de los iones del metal ya en la solución. Si se sube lo suficiente la concentración de los iones del metal, se llega finalmente a un punto en el cual la tensión de disolución del metal y la masa activa o, como también se dice, la *actividad* ($\approx$ concentración, véase pág. 71) de los iones metálicos, mantienen exactamente equilibrio, es decir, en una solución de este tipo, el metal no muestra ninguna tendencia a ceder aún más iones, así que, por consiguiente, existe igualdad de potencial entre el metal y la solución que está en contacto con él. Si por último se pasa a una solución en la cual la concentración de los iones del metal es aún más grande, se separarán a la inversa iones del metal en forma metálica sobre el electrodo de metal introducido en la solución. Por esto, el metal adquiere entonces un potencial positivo frente a esa solución.

Para la medición de la tensión de disolución de un metal debe buscarse por ello la concentración de sus iones en una solución que sea capaz de compensar exactamente su tendencia a la disolución. En otras palabras, entonces podemos expresar la tensión de disolución de un metal por esa concentración de sus iones y medir para ello la que no permite ni un paso a la solución de los iones del metal ni una depositación del mismo y que, por consiguiente, en relación al metal introducido no se carga ni positiva ni negativamente.

Supongamos que la tensión de disolución de un metal x-valente M_1 venga dada por la concentración $[M_1^{x+}]$. La reacción que se produce sobre el electrodo en la sustracción de corriente es: $M_1 \rightarrow M_1^{x+}$.

Habrá equilibrio, esto es, ausencia de reacción y, por tanto, igualdad de potencial entre el metal y su solución, cuando

$$k_1 = \frac{[M_1^{x+}]}{[M_1]}$$

es decir, cuando la concentración de saturación del metal $[M_1]$ en la solución se encuentra en una determinada relación con la concentración de los iones metálicos.

La cantidad de trabajo parcial, A_1, que puede suministrar el metal en la cesión de corriente, cuando está sumergido en una solución de sus iones de la concentración $n_{M1^{x+}}$, se calcula entonces por:

$$A_1 = \mathbf{R} \cdot T \cdot \ln k_1 \cdot \varphi c_1$$

y si se representa la diferencia de potencial del metal respecto a la solución por ε_1, tendremos:

$$A_1 = x \cdot \mathbf{F} \cdot \varepsilon_1 = \mathbf{R}\, T \ln \frac{[M_1^{x+}]}{[M_1]} \cdot \varphi c_1$$

pero φc_1, es decir, el cociente de las *concentraciones capaces de trabajo* de las sustancias iniciales y de los productos de reacción, es igual a

$$\varphi c_1 = \frac{[M_1]}{n_{M1}{}^{x+}}$$

por lo cual obtenemos:

$$\varepsilon_1 = \frac{\mathbf{R}T}{x\mathbf{F}} \ln \frac{[M_1{}^{x+}]}{n_{M1}{}^{x+}}$$

Análogamente, para un metal y-valente, M_2, se obtiene:

$$k_2 = \frac{[M_2{}^{y+}]}{[M_2]} \text{ y } \varphi c_2 = \frac{[M_2]}{n_{M2}{}^{y+}}$$

así como

$$\varepsilon_2 = \frac{\mathbf{R}T}{y\mathbf{F}} \ln \frac{[M_2{}^{y+}]}{n_{M2}{}^{y+}}$$

La ecuación de reacción general para un elemento Daniell, constituido por los dos metales M_1 y M_2 así como por las soluciones de sus sales, dice:

$$y \cdot M_1 + x \cdot M_2{}^{y+} \rightleftarrows y \cdot M_1{}^{x+} + x \cdot M_2$$

Hay pues en circulación $x \cdot y$ cargas eléctricas y obtenemos para el trabajo máximo y para la f.e.m., respectivamente:

$$A = x \cdot y \cdot \text{f.e.m.} = \mathbf{R} \cdot T \cdot \ln \frac{[M_1{}^{x+}]^y \cdot [M_2]^x \cdot (n_{M1})^y \cdot (n_{M2}{}^{y+})^x}{[M_1]^y \cdot [M_2{}^{y+}]^x \cdot (n_{M1}{}^{x+})^y \cdot (n_{M2})^x}$$

donde la concentración de saturación del metal puro es $[M_1] = n_{M1}$ y $[M_2] = n_{M2}$, respectivamente, por lo que obtendremos:

$$\text{f.e.m.} = \frac{\mathbf{R}T}{xy\mathbf{F}} \cdot \left(\ln \frac{[M_1{}^{x+}]^y}{(n_{M1}{}^{x+})^y} - \ln \frac{[M_2{}^{y+}]^x}{(n_{M2}{}^{y+})^x} \right)$$

Pero esto significa, como puede verse fácilmente, nada más que el hecho de que la diferencia de las expresiones de ε_1 y ε_2, halladas antes por separado, es igual a la f.e.m. de la pila Daniell, así que como expresión general de la f.e.m. de un elemento Daniell constituido por el metal x-valente M_1 y el metal y-valente M_2 obtenemos la expresión:

$$\text{f.e.m.} = \varepsilon_1 - \varepsilon_2 = \frac{\mathbf{R}T}{x\mathbf{F}} \ln \frac{[M_1^{x+}]}{n_{M1}^{x+}} - \frac{\mathbf{R}T}{y\mathbf{F}} \ln \frac{[M_2^{y+}]}{n_{M2}^{y+}} \qquad (29)$$

en donde $[M_1^{x+}]$ y $[M_2^{y+}]$ representan las tensiones de disolución de los iones metálicos, es decir, las concentraciones de estos iones que son necesarias para producir la igualdad de potencial entre el metal y la solución, mientras que n_{M1}^{x+} y n_{M2}^{y+} son las concentraciones reales de los iones metálicos en el medio que rodea a ambos electrodos de metal.

Los potenciales ε_1 y ε_2 propiamente dichos no son en ningún caso accesibles a nuestras mediciones. En las pilas Daniell, nunca podemos medir más que la diferencia $\varepsilon_1 - \varepsilon_2$ y, por tanto, no los valores parciales de las tensiones de disolución $[M_1^{x+}]$ y $[M_2^{y+}]$, sino solamente su relación. Por este camino no puede resolverse la cuestión relacionada con el valor absoluto de las tensiones de disolución. Este está estrechamente ligado con un criterio para la igualdad de potencial del metal y la solución y, por ello, con el problema, que se estudia en el siguiente apartado, acerca de un electrodo de referencia de potencial cero.

En lo que antecede sólo se han tenido en cuenta los dos saltos de potencial, ε_1 y ε_2, de las superficies de los dos electrodos respecto a ambas soluciones. Todavía es preciso pensar en que también en las zonas de contacto de las dos soluciones salinas existe una diferencia de potencial. Cierto que ésta sólo es generalmente del orden de magnitud de unas centésimas a unas milésimas de voltio. Sin embargo, en investigaciones minuciosas no podría pasarse por alto, especialmente en el caso en que las soluciones contuvieran iones que se movieran con relativa ligereza, como son los iones $H^{\cdot}$ y los iones OH'. Acerca de las posibilidades que existen para calcular estos *potenciales de líquidos,* o para eliminarlos, se volverá a hacer referencia más adelante (véase pág. 134).

El potencial absoluto

Para la medición del potencial absoluto de un electrodo es necesario un electrodo de referencia, en el cual puede contarse con seguridad que tiene exactamente el potencial 0. Hasta ahora no se ha podido realizar rigurosamente tal electrodo. Un camino para conseguirlo se basa en la teoría expuesta por G. Lippmann y H. Helmholtz, según la cual entre el mercurio líquido y una solución existe igualdad de potencial cuando la tensión superficial del mercurio respecto a la de la solución del electrólito muestra su valor máximo. Por ejemplo, se puede variar el potencial del electrodo de mercurio que se encuentra en el tubo capilar del electrómetro capilar (véase vol. I, pág. 58, fig. 5) respecto al ácido sulfúrico diluido que está en contacto con él, cuando entre éste y el otro electrodo de mercurio se aplican tensiones negativas paulatinamente crecientes, que se toman o derivan de un hilo de medida o caída de tensión. Se observa entonces que la depresión capilar del menisco de Hg, esto es, la tensión superficial, proporcional a ella, del mercurio respecto a la del ácido sulfúrico diluido, al aumentar la tensión eléctrica, sube primeramente hasta un máximo para luego volver a bajar con un nuevo aumento de dicha tensión aplicada. Si se llevan a un sistema de coordenadas las depresiones observadas, en función de la tensión aplicada, se obtiene una curva de la forma representada en la figura 11, llamada *curva electrocapilar.*

La explicación de la marcha de esta curva es la siguiente. Pequeñas cantidades de oxígeno en el H_2SO_4 diluido hacen que el mercurio ceda a esta solución tantos iones

$Hg_2^{\cdot\cdot}$ * como para que la concentración de estos iones exceda del valor correspondiente de la tensión de disolución del Hg. A consecuencia de ello, el Hg adquiere un potencial positivo respecto al H_2SO_4 diluido. En la superficie límite o interfase se encuentran entonces, como en una *doble capa,* las cargas positivas del Hg y las cargas negativas del H_2SO_4 diluido, unas frente a otras. Mientras que los pares de cargas de nombre distinto se atraen entre sí, las del mismo nombre que se encuentran en una misma capa se repelen y, por consiguiente, disminuye la tensión superficial del mercurio o, mejor dicho, la tensión superficial entre el mercurio y el electrólito. Cuando al aplicar las tensiones eléctricas correspondientes comunicamos al Hg en forma gradual una carga negativa creciente, se descargan los iones de mercurio que están presentes en la capa que limita con el mercurio, disminuye la densidad de las cargas eléctricas en la capa doble y, con ello, aumenta la tensión superficial, es decir, la depresión capilar del Hg se hace mayor. Con suficiente magnitud de la tensión negativa aplicada se llega finalmente a un punto en el cual se alcanza igualdad de potencial y ya no hay presente ninguna capa doble de cargas eléctricas. Aquí es donde se observa el máximo de la tensión superficial puesto que cada nueva elevación de la tensión aplicada significa formación de una capa doble

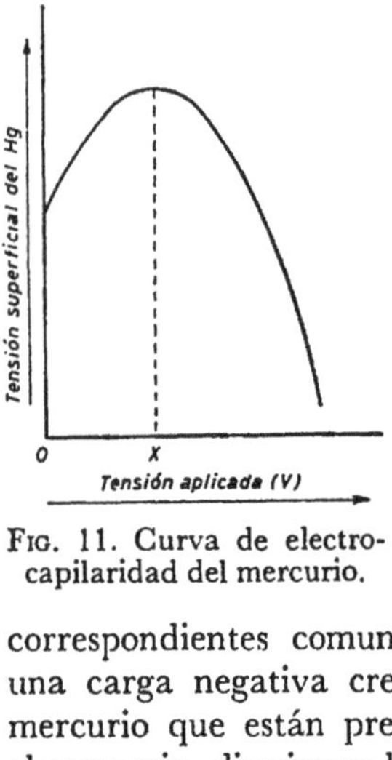

Fig. 11. Curva de electrocapilaridad del mercurio.

* Está bien comprobado que el ion mercurio en las soluciones de sales mercuriosas no se presenta como $Hg^{\cdot}$ sino biatómicamente, como $Hg_2^{\cdot\cdot}$.

de carga inversa (Hg cargado negativamente y H_2SO_4 diluido cargado positivamente), la cual deberá reducir la tensión superficial que antes existía.

Si mantenemos cuidadosamente la carga del electrodo de Hg que le comunique el máximo de tensión superficial, podemos admitir que entonces el Hg y el electrólito que se encuentra en contacto con él poseen aproximadamente el mismo potencial. Podemos hacer medidas luego con otros electrodos, como el elemento galvánico: $Hg/H_2SO_4N/CuSO_4N/Cu$ y con ello determinar el valor absoluto de la diferencia de potencial que existe entre el Cu y la solución de $CuSO_4N$, para poder calcular luego la tensión de disolución del Cu.

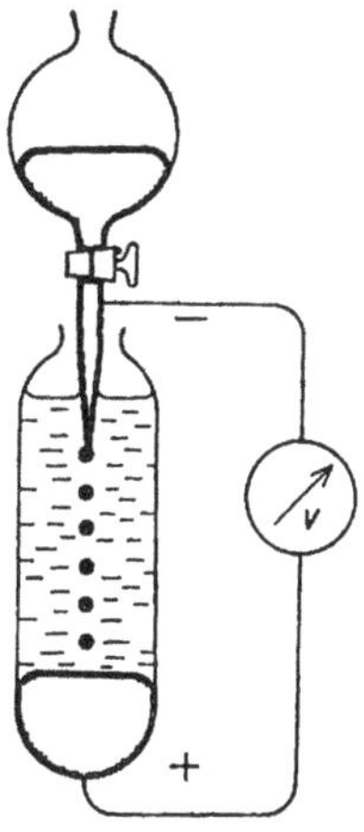

FIG. 12. Electrodo de goteo de mercurio.

Hay aún otro electrodo cuyo potencial puede considerarse aproximadamente = 0 y éste es el *electrodo de goteo de mercurio*. Si en H_2SO_4 diluido, en la forma representada en la figura 12, dejamos caer Hg de un recipiente de reserva, de modo que caiga en gotitas hasta el fondo y que se reúnan allí, con un galvanómetro sensible cuyos bornes de los polos están conectados con el Hg que cae y con el que está reunido en reposo, respectivamente, observaremos el paso de una corriente eléctrica en la cual el Hg que gotea es el polo negativo y el que está quieto el positivo. Se trata aquí de una pila física, en la cual la asimetría y, por consiguiente, la causa de su actividad se basa en la circunstancia de que la superficie de uno de los electrodos (negativo) está en estado de dilatación constante y la del otro electrodo en estado de contracción continua y además la parte que se separa del electrodo en estado de dilatación cae al otro.

El ácido sulfúrico diluido acepta al principio, a causa de su contenido de O_2 (como en el electrómetro capilar) iones $Hg_2^{\cdot\cdot}$. La superficie de mercurio, que se dilata de modo continuo, del electrodo de Hg superior, atrae hacia sí continuamente estos iones y, con ello, se carga positivamente respecto al ácido sulfúrico diluido. Las cargas positivas de cada gota de Hg son cedidas al electrodo inferior, a causa de la disminución de superficie que allí se realiza, en forma de iones $Hg_2^{\cdot\cdot}$, por lo que este electrodo adquiere un potencial aún más fuertemente positivo respecto al ácido sulfúrico diluido. Por esto trabaja como electrodo positivo, mientras que el electrodo de gota funciona como electrodo negativo de la pila. En el transcurso de un tiempo suficientemente largo de goteo continuo, la porción alta de la solución que rodea al electrodo de gotas debe empobrecerse cada vez más en iones $Hg_2^{\cdot\cdot}$ y, en cambio, la porción que rodea al electrodo inferior se debe enriquecer cada vez con más fuerza en esta clase de iones. Con los iones $Hg_2^{\cdot\cdot}$ transportados al fondo llegarán simultáneamente las cantidades correspondientes de iones SO_4'' al medio que rodea al electrodo inferior de Hg.

Si se observa la diferencia de potencial entre los dos electrodos de Hg, se halla que hay un aumento, al principio rápido y luego más lento, hasta que finalmente se obtiene un potencial máximo constante tan pronto como se haya alcanzado un determinado grado de empobrecimiento del medio que rodea al electrodo de goteo. En esta etapa, la superficie de Hg sometida a dilatación constante ya no admite más iones Hg_2'' y, a la inversa, con un potencial negativo más fuerte el electrodo de goteo cede iones $Hg_2^{\cdot\cdot}$. Con esto se ha alcanzado el punto en el cual con un electrodo de Hg recientemente introducido en la solución hay justamente tantos iones $Hg_2^{\cdot\cdot}$ en el electrólito como para compensar su tensión de disolución. Se puede admitir por ello que un electrodo de goteo que ha llegado a este estado tiene el mismo potencial que la solución. Por la misma razón se puede considerar igualmente como electrodo cero y emplearse para calibrar otros electrodos.

Desgraciadamente, los dos electrodos cero descritos tienen el inconveniente que no se reproducen bien con precisión, es decir, que el ajuste del potencial no es precisamente de milivoltios sino sólo de algunas centésimas de voltio. De la misma imprecisión adolecerán también entonces los potenciales de otros electrodos medidos respecto a estos dos. Por ello, no se suelen emplear en general estos electrodos como de referencia, por lo que para una regulación más exacta y en la determinación experimental de potenciales de electrodos se utiliza más bien el electrodo normal de hidrógeno que se describirá más adelante y que se puede reproducir mucho mejor. Las tensiones medidas respecto a este electrodo de referencia se designan en la tabla 2, página 153, con el símbolo ε_H. Estos potenciales *relativos* son aproximadamente 0.28 V más negativos que los valores absolutos obtenidos con el electrodo de goteo.

La actividad electromotriz de los no metales

Para la obtención de un electrodo en el cual un metal reacciona con cesión de cargas eléctricas y formación de iones metálicos, sólo se necesita en general proveer al metal con una toma de corriente e introducirlo en un electrólito apropiado. En la construcción de un electrodo en el cual deba trabajar un no metal (esto es, en la inmensa mayoría de los casos un cuerpo no conductor de la electricidad) se necesita un *portador* metálico conductor, e indiferente frente al electrólito, que debe estar en contacto con el metaloide considerado (en general en forma disuelta) y con el electrólito, para que el no metal ceda sus cargas eléctricas al portador y pueda aparecer en iones en el electrólito. Como materiales para el portador, sobre cuya superficie se localiza esta reacción, resultan especialmente apropiados los metales nobles, de preferencia el platino, a causa de su gran estabilidad frente a los electrólitos más diversos. Muchas veces en su lugar entran en consideración también sustancias como el grafito o el carbón de retorta que se caracterizan igualmente por una estabilidad bastante grande frente a soluciones de electrólitos, incluso aunque éstas tengan reacción ácida o alcalina. Para los álcalis y otros electrólitos de fuerte reacción alcalina resultan también adecuados como portadores el níquel o el hierro, porque se comportan como *pasivos* frente a estas soluciones, es decir, no son atacados por ellas (véase pág. 154).

La ionización de los no metales no se verifica tan sencilla y uniformemente como la de la mayoría de los metales, como, por ejemplo, el proceso $Zn \rightarrow Zn^{\cdot\cdot} + 2\ominus$ sobre el electrodo de cinc, salvo en unos pocos casos. Sin pérdida de energía, esto es, en forma reversible, se realiza sobre todo la ionización de los halógenos, como $Cl_2 \rightarrow 2Cl' + 2\oplus$, o $Br_2 \rightarrow 2\,Br + 2\oplus$, que, disueltos en carbón o en metales nobles como material portador, se comportan electroquímicamente sin más en electrólitos neutros o ácidos, como es el caso del ya mencionado elemento de gas detonante de cloro.

También se efectúa la ionización del hidrógeno, $H_2 \rightarrow 2\,H^{\cdot} + 2\ominus$, que se verifica sobre su electrodo opuesto, sin pérdida de energía, por lo que este elemento también trabaja en conjunto en forma reversible. Su f.e.m. de 1.37 V, que muestra al emplear HCl *N* como electrólito, corresponde, por consiguiente, a la energía libre que podría ceder la reacción total $H_2 + Cl_2 \rightarrow 2\,H^{\cdot} + 2\,Cl'$ que en él se efectúa.

Mientras que en este aspecto, los halógenos en cualquier material portador deseado (en cuanto se comporte químicamente indiferente frente a los halógenos lo mismo que frente a los electrólitos, como lo hacen el platino y el carbón) son activos desde el punto de vista electromotriz, no ocurre lo mismo con el hidrógeno. Con asombro vemos que su actividad en este sentido resulta sólo posible cuando se utilizan el platino o los otros metales del grupo del platino (en particular Pd o Rh) como material portador. En electrodos de carbón, de níquel o de hierro, que son los que se emplean especialmente en los electrólitos alcalinos como material inerte de electrodos, no ha podido aún comprobarse la reacción $H_2 \rightarrow 2\,H^{\cdot} + 2\,\ominus$, que en estas sustancias tropieza con inhibiciones extraordinariamente grandes. La eliminación de las mismas en presencia de los metales del grupo del platino se debe evidentemente a la capacidad especial de estos metales para disolver hidrógeno. De modo notable, reconocemos en particular esta propiedad en el paladio que sin variar de modo apreciable su aspecto puede absorber hasta 400 veces su propio volumen de hidrógeno. Se admite que el hidrógeno absorbido por los metales del grupo del platino en *solución sólida* no se encuentra en forma de molécula H_2, sino en forma atómica y que el proceso $H \rightarrow H^{\cdot} + \ominus$ se produce en esencia con más facilidad que la ionización del hidrógeno molecular.

También en el platino, la actividad electroquímica del hidrógeno tropieza con ciertas inhibiciones, en especial cuando el platino ha estado expuesto largo tiempo a la acción del oxígeno o se ha polarizado anódicamente. Se comporta entonces como inactivo frente al hidrógeno por lo que ni se efectúa la formación de una solución sólida del H_2 ni se establece el potencial reversible de H_2.

Probablemente la explicación de esto es el revestimiento del metal con una película constituida por una combinación de platino y oxígeno. La actividad de los metales del grupo del platino se recupera inmediatamente tan pronto como se polarizan catódicamente y de este modo se elimina la película de óxido metálico, si bien esta recuperación sólo es por corto tiempo.

La actividad del electrodo de hidrógeno puede también ponerse en cuestión, como ya se ha mencionado, por una carga anódica demasiado fuerte, esto es, por descarga con intensidad de corriente demasiado alta. A causa de la muy pequeña solubilidad del H_2 en electrólitos acuosos nunca pueden penetrar más que pequeñas cantidades de H_2 en la solución de electrólito que moja al platino y llegar a la superficie del platino. Este proceso de difusión en el electrodo que trabaja determina en primer lugar el máximo de intensidad de corriente con que puede cargarse un electrodo de H_2 (de la misma manera que en otros electrodos de gases).

Si se utiliza un electrodo de H_2 no solamente para obtener potencial, sino que se le capacita también para transmitir corrientes de intensidad más o menos grande, sin una polarización que ponga en peligro su existencia, se procurará ante todo para ello que el límite de las tres fases, en el cual la fase de gas que contiene H_2 está en contacto por igual con el electrólito y con el platino, sea lo más grande posible. Esto no sólo puede conseguirse aumentando la lámina de platino sino también revistiendo ésta con esponja de platino finamente dividido (musgo de platino), que es lo más sencillo desde el punto de vista electrolítico. Esta esponja aspira el electrólito y entonces las partículas de platino que emergen de la solución pueden absorber fácilmente lo mismo el H_2 que los átomos de H disueltos, al igual que cederlo como ion al electrólito.

Junto a los electrodos de gases ya mencionados tiene interés aún el electrodo de O_2 como componente del *elemento de gas detonante*. El O_2 tiene actividad electromotriz tanto sobre el platino y otros metales nobles como sobre electrodos de carbón o de grafito. Se comporta pues de modo parecido a los halógenos. Pero, al contrario que en éstos, aún no se ha podido medir el potencial O_2 reversible en ningún material portador. Los potenciales de O_2 en realidad son alrededor de 0.1 a 0.3 V menos positivos en electrodos de platino y de carbón de lo que deberían ser en funcionamiento reversible.

Este hecho se explica porque el O_2 es tan poco ionizable directamente como el H_2 y el N_2 y porque además no existe material en el cual se realice la disociación de las moléculas de O_2 en sus átomos de un modo tan sencillo como la de las moléculas de H_2 en el platino. El que llegue a establecerse en suma una acción electroquímica del O_2 se basa en que éste, desde el punto de vista puramente químico, ya a la temperatura ambiente no es tan inerte a la reacción como el H_2 y reacciona con facilidad en la superficie del platino, lo mismo que en la del carbono, con formación de óxido o, por lo menos, se une en enlace débil. En realidad entonces no es el O_2 el que tiene actividad electromotriz, sino el óxido formado por él. La energía liberada en la reacción primaria puramente química del O_2 con el material del electrodo no contribuye naturalmente nada al desarrollo del potencial del electrodo, antes bien el potencial que se establece se debe exclusivamente a la existencia y a la acción electromotriz del óxido primario correspondiente. La f.e.m. del elemento de gas detonante baja por eso en la cantidad en que ha disminuido el contenido en energía libre del sistema por la reacción primaria, puramente química, que se verifica con el tono térmico o calor de reacción correspondiente.

La posibilidad valiosa que existe en otros muchos casos, por ejemplo, en el elemento de gas detonante de cloro, para la medición de la energía libre de una reacción, falla por ello en el caso de la pila $O_2 — H_2$, porque en ésta solamente trabaja reversiblemente el electrodo de H_2 y no, en cambio, el de O_2. Para obtener un electrodo de gases podemos utilizar simplemente el aparato representado en la figura 13 (página 87, vol. I). Si llenamos los tubos de vidrio que cubren ambos electrodos de Pt, el de un lado con H_2 y el de otro con O_2, mediremos, según el electrólito utilizado y con las condiciones de ensayo ordinarias, una f.e.m. de alrededor de 0.9 a 1.15 V. La f.e.m. teórica de este elemento de gas detonante, con funcionamiento reversible de ambos electrodos (por tanto, en especial, del electrodo de O_2) pudo ser calculada por W. Nernst, como de 1.23 V a la temperatura ambiente. Aquí sólo puede indicarse brevemente el camino que siguió este autor.

La ecuación de la isoterma de reacción (véase pág. 72)

$$A = \mathbf{R} \cdot T \cdot \ln K \cdot \phi_c \qquad (22a)$$

requiere para el cálculo de la f.e.m. el conocimiento de la constante de equilibrio K. Su determinación directa experimental es imposible a causa de la extraordinariamente pequeña disociación térmica del vapor de agua a la temperatura ambiente y de la concentración, por consiguiente, baja del H_2 y del O_2. Por ello es preciso buscar la posición del equilibrio, que a temperatura alta es más fácil de medir relativamente, en función de la temperatura, hasta poder extrapolarla, numéricamente por lo menos, en el campo de la temperatura ambiente normal.

Para el sistema debe cumplirse en todos los casos la ecuación Gibbs-Helmholtz:

$$U = A - \frac{dA}{dT} T \qquad (16)$$

En primer lugar, la transformamos en:

$$U \cdot dT = A \cdot dT - T \cdot dA$$

o bien en:

$$\frac{U \cdot dT}{T^2} = \frac{A \cdot dT - T \cdot dA}{T^2}$$

en donde vemos que el segundo miembro de la ecuación no es otra cosa que $\frac{d\left(\frac{A}{T}\right)}{dT}$, por lo que podemos obtener:

$$\frac{d\left(\frac{A}{T}\right)}{dT} = \frac{U \cdot dT}{T^2}$$

e integrando esta ecuación:

$$\int \frac{d\left(\frac{A}{T}\right)}{dT} \cdot dT = \int \frac{U}{T^2} \cdot dT + C$$

es decir,

$$\frac{A}{T} = \int \frac{U}{T^2} \cdot dT + C$$

y

$$A = T \int_0^T \frac{U}{T^2} \cdot dT + C \qquad (30)$$

Según esta *ecuación de afinidad*, se podía calcular A, esto es, la energía libre o *afinidad* de una reacción cualquiera siempre, para cada temperatura T, con sólo conocer U, en función de T y la constante de integración. Nernst pudo entonces de una parte determinar, en muchos casos, la función $U = f(T)$ por los datos térmicos de las sustancias reaccionantes. Por otra parte, supuso (tercer principio) que las curvas que representan el curso de A y U en función de la temperatura marchan horizontalmente a $T = 0$ (es decir, paralelamente al eje de las T) y que tienden al mismo valor, esto es, que

$$\text{para } T = 0\text{: lím } \frac{dA}{dT} = \text{lím } \frac{dU}{dT} = 0$$

Para sistemas *condensados*, es decir, constituidos simplemente por sustancias sólidas y líquidas (no para gases ni soluciones), esta suposición representa que la constante de integración es $C = 0$ y con ello:

$$A = T \int_0^T \frac{U}{T^2}\, dT$$

esto es, que a temperaturas suficientemente bajas el calor de reacción, U, de una reacción es la magnitud decisiva para la afinidad de las sustancias reaccionantes. En esta forma se logró calcular la constante de equilibrio a partir de puros datos térmicos de las sustancias reaccionantes sin tener que realizar mediciones del equilibrio.

Si en la reacción participan gases, hay que introducir para éstos la suma algebraica de las llamadas *constantes químicas*. Bastante útil resulta en la mayoría de los casos la *fórmula aproximada* que con este objeto fue desarrollada por Nernst:

$$\log K_p = \frac{Q}{4.57 \cdot T} - \Sigma_v\, 1.75 \cdot \log T - \Sigma C$$

En ella, las letras representan:

K_p: Constante de equilibrio al establecerse la presión o tensión parcial (en mm Hg) de cada especie molecular de la ecuación de reacción.

Q: Tono térmico o calor de reacción de la reacción en cal. a 20° C. y presión constante.

Σ_v: Suma de los moles que aparecen sólo como gases en el primer miembro de la ecuación de la reacción, disminuida en la suma de los moles correspondientes presentes exclusivamente en estado gaseoso en el segundo miembro de la ecuación de reacción, es decir, suma y sustracción del número total de moles de las especies moleculares que aparecen exclusivamente en forma gaseosa.

ΣC: Suma de las *constantes químicas corrientes* (válidas para la ecuación aproximada) de las especies moleculares que se encuentran exclusivamente en forma gaseosa en el primer miembro de la ecuación de reacción, disminuida en la suma correspondiente de las especies moleculares que aparecen igualmente sólo en estado gaseoso en el segundo miembro.

Las constantes químicas corrientes más importantes son, para cada uno de los gases que se mencionan, las siguientes:

H_2	1.6	Cl_2	3.1	HCl	3.0	CO	3.5
O_2	2.8	Br_2	3.5	HBr	3.3	CO_2	3.2
N_2	2.6	SO_2	3.3	H_2O	3.6	NH_3	3.3

El empleo de la fórmula aproximada nos da para la reacción del gas detonante a 18° C. el siguiente valor:

$$2\,H_2 + O_2 \rightleftarrows 2\,H_2O + 115\,680 \text{ cal.}$$

en que se supone el agua en forma gaseosa. Con ello:

$$\log K_p = \frac{115\,680}{4.75 \cdot 291} - 1.75 \cdot \log 291 + 1.2 = 83.874$$

y, por consiguiente,

$$K_p = \frac{p^2_{H2O}}{p^2_{H2} \cdot p_{O2}} = 7.482 \cdot 10^{83}$$

Para la ecuación de la isoterma de reacción usamos K, es decir, la constante de equilibrio cuando se introducen las concentraciones c en mol/l, en lugar de las presiones parciales. Como para cada especie molecular es $\frac{p}{c} = \mathbf{R} \cdot T$, obtenemos:

$$K = \frac{K_p}{\mathbf{R} \cdot T} = \frac{7.482 \cdot 10^{83}}{0.08206 \cdot 291} = 0.3133 \cdot 10^{83}$$

Si introducimos este valor en la ecuación de la isoterma de reacción, se obtiene:

$$A = \mathbf{R}\, T \ln 0.3133 \cdot 10^{83} \cdot \frac{(760)^2 \cdot 760}{(15.477)^2 \cdot 0.08206 \cdot 291}$$

para lo cual admitimos que a partir de O_2 y H_2, a 760 mm Hg cada uno y a 18° C., se forma vapor de agua saturado de 15.477 mm Hg. Por consiguiente:

$$E = \frac{\mathbf{R} \cdot T}{n \cdot \mathbf{F}} \ln 240.4 \cdot 10^{83}$$

De este modo obtenemos ($\mathbf{R} = 8.317$, en el sistema de unidades eléctricas)

$$E = 1.23\, V$$

como f.e.m. de la *pila de gas detonante.*

Se obtiene también casi el mismo valor a base de una consideración más rigurosa. Con ello se puede considerar válida la f.e.m. de este elemento cuando no sólo su electrodo de H_2 trabaje reversiblemente sino también su electrodo de O_2.

Junto a los no metales mencionados hasta ahora, también pueden tener acción electromotriz directa el azufre y algunos otros metaloides. En muchos metaloides no ha podido demostrarse en cambio ninguna actividad electromotriz. Esto es cierto especialmente para nitrógeno y carbono. Su incapacidad en este aspecto se debe evidentemente a que surgen inhibiciones extraordinarias para la formación de los iones N''', N''''' o C''''.

La falta de inclinación del átomo C a la ionización es la causa esencial que se opone a la realización de un *elemento de combustión,* es decir, de una pila cuya f.e.m. provenga de carbono y oxígeno. Como se ha podido determinar por mediciones del equilibrio, la energía libre de la reacción: $C + O_2 \rightarrow CO_2$ a 20° C. es de 0.112 kilovat.-h., es decir, 1 Kg de carbono, con aprovechamiento completo de su contenido de energía, suministraría 9.3 kilovat.-h. En la forma ordinaria, mediante la máquina de vapor y la dínamo, sólo se ha logrado generar, en todo caso, en nuestras modernas centrales termoeléctricas aproximadamente el 15% de dicha cantidad de energía, a partir del carbón. Un elemento galvánico en el cual se produce sobre el electrodo de carbón el proceso

$$C + 4\oplus \rightarrow C^{\cdot\cdot\cdot\cdot}$$

y en el electrodo de oxígeno, el proceso:

$$O_2 + 4\ominus \rightarrow 2\,O''$$

y en el que el C se quema completamente para dar CO_2, debe mostrar, de acuerdo con la cantidad citada de energía libre, una f.e.m. de 1.05 V. Incluso si la tensión en los bornes suministrada realmente por el elemento, a causa de fuerte polarización de los electrodos, alcanzara sólo el 20% de ese valor, esta obtención directa de energía eléctrica del carbón sobrepasaría aún fuertemente a la ordinaria. Por ello los investigadores se han esforzado con gran ahinco en la realización de un elemento semejante.

Desgraciadamente, hasta ahora los caminos para la resolución del problema no son muy alentadores. En vista de la imposibilidad de una ionización directa del carbono se ha emprendido un camino de rodeo y en principio se genera de una vez, a partir del carbono, por camino puramente químico, CO o H_2. Esto sucede en algunas propuestas todavía inéditas. En estas pilas sólo tiene generalmente actividad electromotriz inmediata el hidrógeno y no el CO. Este más bien reacciona con el álcali del electrólito empleado, corrientemente alcalino, según la ecuación:

$$2\,CO + 4\,KOH \rightarrow 2\,K_2CO_3 + 2\,H_2$$

A consecuencia de ello, en la pila Cu, CO/álcali/O_2, Pt, no se observa la f.e.m. calculada de 1.68 V, sino solamente la de 1 V aproximadamente, también presente en la pila Pt, H_2/álcali/O_2, Pt. Por ello, hay que suponer que en el electrodo de Cu rodeado de CO se produce la reacción mencionada y sólo se comporta con actividad electromotriz el hidrógeno naciente formado. Además el electrodo mencionado transporta sólo una carga de corriente muy pequeña.

El problema de la pila de combustión se convierte de este modo en el de emplear el H_2 obtenido del carbón para activar un elemento de gas detonante. Con capacidad de carga cercana a la necesaria en la industria, el H_2 sólo es utilizable con los metales del grupo platino. Por ello, para la realización de una pila de combustión indirecta semejante, sería necesaria la inversión de un gran capital para adquirir estos costosos metales, camino que por ello todavía no se ha emprendido.

En cambio, a temperaturas altas, mediante el empleo de conductores electrolíticos en estado de fusión o también sólidos, con electrodos de carbón, por un lado, y con electrodos de magnetita, por otra parte, se han podido fabricar elementos de combustión en los que realmente parece mostrar actividad el propio carbono. Sin embargo, hasta ahora sólo se han construido en escala de laboratorio y todavía están lejos de su comprobación práctica en gran escala.

Pilas de concentración

Si recubrimos una solución de $SnCl_2$ concentrada con otra diluida e introducimos en el recipiente una varilla de estaño, de modo que una parte de la misma se encuentre en la solución concentrada y la otra parte en la diluida, observaremos que al cabo de algún tiempo la superficie de la varilla de estaño colocada en la solución concentrada estará recubierta de finos cristales de estaño y más tarde de una *arborescencia de estaño,* mientras que la parte de la varilla sumergida en la solución diluida habrá sido atacada y parcialmente habrá pasado a la solución donde formará crenchas. Si partimos la varilla en dos trozos, de los cuales introducimos uno en la solución concentrada y el otro en la diluida, se puede comprobar fácilmente que el primero se cargará positivamente respecto al segundo y que después de unir ambos trozos por un arco de circuito, fluirá una corriente, para lo cual el trozo sumergido en la solución concentrada trabajará como cátodo y el otro como ánodo. La cantidad del estaño que por un lado se deposita catódicamente y por otro se disuelve anódicamente, corresponde a la cantidad de corriente que pasa por el arco de circuito, con arreglo a la ley de Faraday. Se trata pues aquí también de un sistema en el cual, como en todo elemento galvánico cerrado, se ha producido una electrólisis que trata de transformar el estado existente capaz de trabajo en uno más pobre en energía y, a partir de ella, obtiene su fuerza motriz.

Podemos preparar el mismo ensayo con otros muchos metales y las soluciones de sus sales (así, por ejemplo, con Cu, Pb, Zn o Ag). Siempre el trozo de metal introducido en la solución concentrada de su sal es el polo positivo y, por consiguiente, el cátodo de la pila. Se designan esta clase de elementos galvánicos con el nombre de pilas de concentración iónica. Pueden ser consideradas como pilas de Daniell en las cuales ambos electrodos están formados por el mismo metal. Su f.e.m. llega a establecerse, en esencia, por el hecho de que el electrodo sumergido en la solución diluida tiene mayor tendencia a enviar iones del metal a la solución que el que se encuentra en la solución concentrada de la sal del metal. La fórmula general para las pilas Daniell puede transferirse a este caso en la forma:

$$\text{f.e.m.} = \frac{\mathbf{R} \cdot T}{n \cdot \mathbf{F}} \cdot \ln \frac{c_2}{c_1}$$

en donde n representa la valencia del metal considerado y c_1 y c_2, respectivamente, las concentraciones de los iones metálicos en una y otra solución. Si una de estas concentraciones es justamente 10 veces mayor que la de la otra, para un metal monovalente, por ejemplo, para la pila $Ag/AgNO_3 \frac{N}{10}/AgNO_3 \frac{N}{100}/Ag$, se calcula una f.e.m. de 0.058 V a 18° C. Para un metal di o trivalente, dicha relación de concentraciones dará solamente la mitad y la tercera parte, respectivamente, del valor de la f.e.m. citado.

Pilas de líquidos

Por mediciones cuidadosamente realizadas y también por consideraciones teóricas se deduce que ni las pilas de Daniell ni las pilas de concentración iónica pueden mostrar la f.e.m. calculada a base de las fórmulas citadas. Esto se debe a que la f.e.m. no sólo está basada aditivamente en las distintas tensiones de disolución de los dos electrodos de metal, sino que además existe aún un *potencial de líquidos* o *de difusión* entre las dos soluciones de electrólito de distinta concentración o completamente diferentes entre sí, de este *elemento de dos líquidos*. Es preciso tener aún en cuenta este salto de potencial existente entre las superficies de los dos electrodos y que llega a establecerse porque los iones de mayor movilidad en la mutua difusión de las soluciones se adelantan a los más lentos y, de este modo, al penetrar en la solución le comunican un potencial más alto correspondiente al sentido de su carga.

Queremos deducir una fórmula válida, al menos para el caso más sencillo, y para ello admitimos que dos electrodos de un metal monovalente se encuentran en soluciones de distinta concentración de una de sus sales, como es el caso de la pila

$$\underset{c_1}{Ag/AgNO_3}/\underset{c_2}{AgNO_3/Ag}$$

Cuando sustraemos al elemento 1 **F**, y, por lo tanto, por las dos soluciones de las concentraciones c_1 y c_2 (en donde suponemos $c_2 > c_1$) ha fluido una cantidad de corriente de 1 **F** y la velocidad de migración del catión es u y la del anión v, se habrán movido por la zona de contacto $n = \frac{v}{u+v}$ Val del anión y $1 - n = \frac{u}{u+v}$ Val del catión. Sobre el cátodo se depositará 1 Val de Ag y sobre el ánodo se habrá disuelto la misma cantidad. Hacia la solución más concentrada en el espacio catódico emigran $\frac{u}{u+v}$ Val de catión, mientras se deposita 1 Val de catión. En conjunto, la concentración de cationes en el espacio catódico habrá disminuido en $\frac{v}{v+u}$ Val. El mismo número de aniones habrá emigrado al espacio anódico.

Si admitimos que las cantidades de solución en los dos espacios son tan grandes que las emigraciones no influyen de modo apreciable en las concentraciones, se obtiene que después del paso de 1 **F** han descendido exclusivamente $\frac{v}{u+v}$ Val de anión e igual número de Val de catión de la concentración c_2 a la concentración c_1. La energía volumétrica disminuirá con esto en la cantidad

$$A = \frac{2v}{u+v} \mathbf{R} \cdot T \cdot \ln \frac{c_2}{c_1}$$

A ella debe corresponder la f.e.m. del elemento:

$$\text{f.e.m.} = \frac{2v}{u+v} \cdot \frac{\mathbf{R} \cdot T}{\mathbf{F}} \cdot \ln \frac{c_2}{c_1}$$

Esta sería la fórmula exacta de la f.e.m. total de la pila, mientras que antes, cuando sólo tuvimos en cuenta la diferencia de potencial de los electrodos respecto a las soluciones de distinta concentración, habíamos deducido la fórmula:

$$\text{f.e.m.} = \frac{\mathbf{R} \cdot T}{\mathbf{F}} \cdot \ln \frac{c_2}{c_1}$$

La diferencia entre los dos valores de la f.e.m. corresponde al potencial de líquidos, $\varepsilon_{\text{liq.}}$, entre las dos soluciones que limitan entre sí, con las concentraciones c_1 y c_2:

$$\varepsilon_{\text{liq.}} = \frac{\mathbf{R} \cdot T}{\mathbf{F}} \cdot \frac{v-u}{u+v} \cdot \ln \frac{c_2}{c_1}$$

Este potencial será = cero cuando $u = v$, es decir, cuando el anión y el catión emigran con igual velocidad, como es el caso en las soluciones de KCl, por ejemplo. Se admite un valor positivo cuando $v > u$ y entonces se intensifica la f.e.m. de la pila considerada. Si, en otro caso, $v < u$, será negativo el potencial de la pila de líquidos, es decir, actuará en sentido opuesto al de la igualdad de potencial, por lo cual disminuirá la f.e.m. considerada.

Para diferencias particularmente grandes entre u y v, como en el caso de soluciones de HCl, se calcula el potencial de líquidos entre soluciones de las cuales una tiene 10 veces la concentración de la otra, según la fórmula anterior, por: $\varepsilon_{\text{liq.}} = -0.038$ V, si en la fórmula sustituimos u por 315 y hacemos $v = 65.5$, con arreglo a los valores de la tabla 8, volumen I.

Con pequeñas diferencias en las dos velocidades de migración se obtienen potenciales de líquidos esencialmente más bajos. Estos en general quedan solamente en el orden de magnitud de unas centésimas o de unas milésimas de voltio. Sin embargo, no puede omitirse su observación en mediciones exactas.

Por desgracia, el cálculo teórico, en el caso general de que estén en contacto dos soluciones acuosas de electrólitos distintos, tropieza con considerables dificultades que hasta ahora no han podido vencerse. Para su simplificación, la hipótesis de que se encuentran en contacto dos electrólitos monovalentes que tienen un ion común y la misma concentración en mol/l, nos conduce a la fórmula:

$$\varepsilon_{\text{liq.}} = \frac{\mathbf{R} \cdot T}{\mathbf{F}} \cdot \ln \frac{u_1 + v_2}{u_2 + v_1}$$

cuando u_1 y v_1 representan las velocidades de migración de los iones de uno de los electrólitos y u_2 y v_2 las de los del otro.

La medición directa de un potencial de líquidos puede hacerse, por ejemplo, en la pila siguiente:

$$- \underset{\varepsilon_1}{Hg/Hg_2Cl_2} + KCl\frac{N}{10}\underset{\varepsilon_2}{/}HCl\frac{N}{10}\underset{\varepsilon_3}{/}HCl\frac{N}{100}$$

$$\underset{\varepsilon_4}{/}KCl\frac{N}{100}\underset{\varepsilon_5}{/}KCl\frac{N}{10} + \underset{\varepsilon_6}{Hg_2Cl_2/Hg} +$$

Los saltos de potencial ε_1 y ε_2 se compensan porque son de igual magnitud y están en sentidos opuestos entre sí. Lo mismo es válido, según lo que antes se ha dicho, para ε_2 y ε_4. Además ε_5, a causa de la pequeña diferencia en la velocidad de migración de los iones $K^{\cdot}$ y Cl', es tan pequeño que puede despreciarse. De este modo, sólo queda como f.e.m. de la pila ε_3 y se ha hallado que es = 0.036 V a 18° C., en buen acuerdo con nuestro cálculo anterior.

Para mediciones prácticas se puede, por ello, llevar el potencial de líquidos perturbador casi a su desaparición, para lo cual en las dos soluciones de electrólito en contacto se introduce un tercer electrólito común, cuyos iones emigran casi con igual velocidad (KCl o NH_4NO_3) y que está presente en concentración más alta y sobre todo más uniformemente. Otro camino consiste en no dejar que las soluciones de los dos electrólitos limiten directamente entre sí, sino por un *puente electrolítico* que las una (por ejemplo, un sifón cargado con solución saturada de KCl solidificada por adición de agar). Los potenciales de líquidos que existen en los dos extremos del puente electrolítico son en general muy pequeños y aun con frecuencia están dirigidos en sentido opuesto, por lo que se compensan casi por completo.

También debe mencionarse que se pueden obtener pilas de líquidos absolutamente sin electrodos de metal. Una pila así sería, por ejemplo, la ya mencionada y usada para la medición de la diferencia de potencial existente entre $HCl\,\frac{N}{10}$ y $HCl\,\frac{N}{100}$, si se suprimen los dos electrodos de Hg. El elemento puede entonces ponerse en circuito cerrado simplemente por unión de las dos soluciones de KCl $\frac{N}{10}$ de los extremos, con lo que el circuito consiste solamente en conductores electrolíticos. Con el empleo de un recipiente anular, como el representado en la figura 13, con las soluciones indicadas en la figura, dispuestas en capas superpuestas y preferiblemente coloreadas con distintos colores, se puede comprobar fácilmente, por la acción sobre una aguja magnética, que fluye en el anillo una corriente eléctrica en la dirección y sentido de la flecha. En los órganos eléctricos de algunos peces, constituidos por tejidos celulares dispuestos en forma de placas, se trata evidentemente de pilas de líquidos de una capacidad de conducción en todo caso portentosa, con la cual pueden

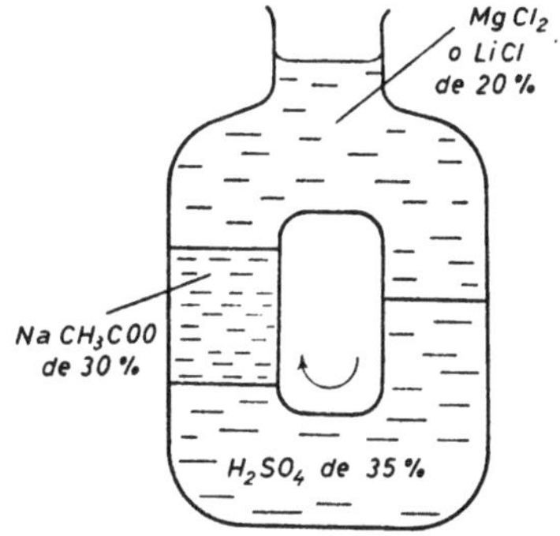

FIG. 13. Cadena de líquidos cerrada sin electrodos.

realmente generar en poco tiempo bruscos incrementos de corriente, hasta de unas décimas de amperio con varios centenares de voltios de tensión total, y ahuyentar de esta forma a sus atacantes.

Electrodos de segunda clase

Con dilución suficiente de los iones activos en uno de los lados de una pila de concentración y con el establecimiento de la mayor concentración posible de iones activos en el otro lado, se deberían poder generar tensiones de la magnitud deseada, tanto más cuanto por parte de la dilución más alta no parece existir prácticamente ninguna limitación. Sin embargo, esta posibilidad para subir la tensión fracasa por el hecho de que la polarizabilidad del electrodo en la solución diluida aumenta extraordinariamente al extremar el incremento del grado de dilución. En este caso, sólo necesitan formarse muy pocos iones del metal para variar inmediatamente de modo esencial en el medio que rodea a los electrodos la concentración iónica, decisiva en él para que se establezca potencial. Por esta causa existen límites a la subida de la f.e.m. conseguida por este camino.

No obstante, se puede procurar en cierto modo por una especie de *amortiguamiento* que en la solución se mantenga una concentración baja de iones metálicos apenas influenciable por perturbaciones de ese tipo. Esto puede conseguirse, por ejemplo, si se interceptan los iones $Ag^{\cdot}$ por adición de un formador de complejo, como sobre el electrodo de Ag por solución de KCN. Con cada dos iones CN' forman los iones $Ag^{\cdot}$ el ion complejo $Ag(CN)_2'$ inactivo para el establecimiento del potencial de electrodo. Entonces, los iones $Ag^{\cdot}$ sólo están presentes en concentración extraordinariamente pequeña, porque la inclinación a la formación del ion complejo es muy grande y el equilibrio $Ag(CN)_2' \rightleftarrows Ag^{\cdot} + 2\,(CN)'$ se desplaza muy fuertemente a favor del ion complejo.

De este modo, la pila:

$$+\ Ag/AgNO_3\ \frac{N}{10}\ /KCN\ N + KAg(CN)_2\ 0.05\ N/Ag\ -$$

suministra la f.e.m. considerable de 1.327 V. Si suponemos que la concentración de iones $Ag^{\cdot}$ en el electrólito que se encuentra a la izquierda es en números redondos de 0.1 *

* Para electrólitos fuertemente disociados, como son la inmensa mayoría de las sales, se puede aplicar esta forma de aproximación. En rigor deberíamos introducir aquí la actividad de los iones $Ag^{\cdot}$ en solución $AgNO_3$ 0.1 *N*.

y la de la solución de complejo de x Val/l, por la fórmula que se verifica en las pilas de concentración se obtiene:

$$\text{f.e.m.} = \frac{\mathbf{R} \cdot T}{\mathbf{F}} \cdot \ln \frac{0.1}{x} = 1.327 = 0.0002 \cdot T \cdot \log \frac{0.1}{x}$$

en donde se calcula para x el valor 10^{-22}. La concentración de iones $Ag^{\cdot}$ resulta así en la solución de cianuro complejo sólo de unos 10^{-22} Val/l.

Otro camino para mantener de modo constante una concentración baja de los iones de metal en el medio que rodea a uno de los electrodos de metal, consiste en agregar a la solución un electrólito con cuyo anión forma el ion metálico una sal muy poco soluble. Es mejor poner desde un principio este cuerpo sólido precipitado en contacto estrecho con la superficie del electrodo, o bien en forma de revestimiento o como una pasta que se impregna con el electrólito. Estos electrodos se suelen designar *electrodos de segunda clase,* porque en los procesos que se producen en ellos participan dos fases sólidas.

Para poder estudiar las relaciones, aplicamos al equilibrio de disociación de la sal $AB \rightleftarrows A^{\cdot} + B'$ la ley de acción de las masas *:

$$K = \frac{[A^{\cdot}] \cdot [B']}{[AB]}$$

En presencia de la sal sólida como precipitado, podemos limitar nuestro examen a la solución saturada. En ésta, están en equilibrio de disolución las moléculas AB sin disociar en la solución con el precipitado. A temperatura constante, en la solución saturada no sólo tendrá entonces K un valor constante, sino también [AB]. Podemos, por lo tanto, reunir ambos valores en una constante L_p:

$$K \cdot [AB] = L_p = [A^{\cdot}] \cdot [B']$$

* En lo que atañe hasta qué punto esto es permisible, se reserva una explicación más adelante.

La nueva constante L_p, así definida, se llama el *producto de solubilidad* o *producto iónico* del electrólito considerado.

La constancia de este producto está entonces también garantizada cuando se trata de un electrólito *fuerte*, es decir, completamente disociado, en cuya solución no haya moléculas sin disociar. En este caso, sólo es posible una depositación o una disolución del electrólito, a causa de la condición de electroneutralidad, cuando se depositan en el precipitado o se desprenden de él tantos aniones como cationes. La probabilidad de que se incorpore un par iónico a la red cristalina es proporcional al producto de ambas concentraciones iónicas. Por ello, para una temperatura determinada, el producto de los iones de un electrólito binario en su solución saturada debe ser constante.

La concentración de una de las clases de iones (por ejemplo, [B']) en la solución saturada de la sal poco soluble puede ser aumentada considerablemente si se agrega a la solución una sal soluble que tenga en común el ion B' con el electrólito poco soluble. En este caso, debe bajar tanto la concentración de la clase de iones $A^{\cdot}$ y, con ella, la solubilidad del precipitado, como para que el producto de solubilidad, a pesar de la concentración más alta de la clase de iones B', alcance su valor constante correspondiente a la temperatura considerada. Así, podemos todavía bajar considerablemente la solubilidad de un electrólito difícilmente soluble, como por ejemplo, AgCl, para lo cual agregaremos al agua saturada $AgNO_3$ ó KCl.

La medición de la f.e.m. de una pila de concentración representa entonces un medio notable para determinar también concentraciones aún tan insignificantes como las del ion $Ag^{\cdot}$ en una solución de KCl saturada con AgCl. Preparamos para ello la pila:

$$+ \, Ag/AgNO_3 \, \frac{N}{10} \, /AgCl \text{ en } KCl \, \frac{N}{10} \, /Ag \, -$$

y medimos su f.e.m., que a 18° C. es de 0.45 V. De acuerdo con la fórmula que se verifica en la pila de concentración, obtendremos:

$$\text{f.e.m.} = \frac{\mathbf{R} \cdot T}{\mathbf{F}} \cdot \ln \frac{0.1}{x} = 0.0002 \cdot T \cdot \log \frac{0.1}{x} = \\ = 0.45 \text{ V}$$

Se calcula la concentración de iones Ag˙ en la solución de KCl $N/10$ saturada de AgCl, como $x = 1.8 \cdot 10^{-9}$ Val/l. De aquí se obtiene entonces para el producto de solubilidad: $[\text{Ag}^{\cdot}] \cdot [\text{Cl}'] = 1.8 \cdot 10^{-9} \cdot 0.1 = 1.8 \cdot 10^{-10}$, si también aquí despreciamos la proporción de disociación o de actividad y hacemos la concentración de iones Cl′ en la solución de KCl = 0.1. La solubilidad de AgCl en agua pura se calcula por ello como: $1.34 \cdot 10^{-5}$ Val/l a 18° C., un valor que concuerda bien con el obtenido según el método de conductividad (véase vol. I, pág. 168).

Si en vez de una solución $N/10$ de KCl empleamos una $N/100$, la concentración de iones Ag˙ subirá a: $[\text{Ag}^{\cdot}] = \dfrac{1.8 \cdot 10^{-10}}{0.01} = 1.8 \cdot 10^{-8}$ y, con ello, bajará la f.e.m. de la pila a:

$$\text{f.e.m.} = 0.0002 \cdot T \cdot \log \frac{0.1}{1.8 \cdot 10^{-8}} = 0.392 \text{ V}$$

esto es, en 0.058 V con respecto a la producida con la solución de KCl $N/10$. El potencial del electrodo de Ag rodeado de AgCl se varía así, con la variación de la concentración de iones Cl′, en la misma cantidad que correspondería a un electrodo de Cl_2 (esto es, un electrodo de segunda clase) al variar la concentración de los iones Cl′.

A causa de la buena reproductibilidad de su potencial se emplean satisfactoriamente los electrodos de segunda clase como electrodos de referencia. Uno de los más empleados es el *electrodo de calomel* o *de calomelanos,* que es un electrodo de Hg recubierto con Hg_2Cl_2 y rodeado de una solución de KCl. Según la concentración de esta solución de KCl, se distingue entre un electrodo de calomel $N/10$, uno N o uno saturado (5.4 N). Su potencial respecto al electrodo normal de hidrógeno que se describirá más adelante y que es el usual en Electroquímica como patrón de referencia, es a 20° C.:

para KCl 0.1 N	KCl N	KCl 5.4 N
0.338 V	0.286 V	0.249 V

Entre los electrodos de segunda clase figura además el *elemento normal Weston*:

+ Hg /	Hg_2SO_4-precipitado	$CdSO_4$-solución saturada	$CdSO_4 \cdot 8/3\, H_2O$ precipitado	/ Cd-Hg-aleación con 10 a 13% de Cd

cuya f.e.m., que varía muy poco con la temperatura, es de 1.01830 V a 20° C. En general se da a este elemento la forma representada en la figura 14. Por acuerdo internacio-

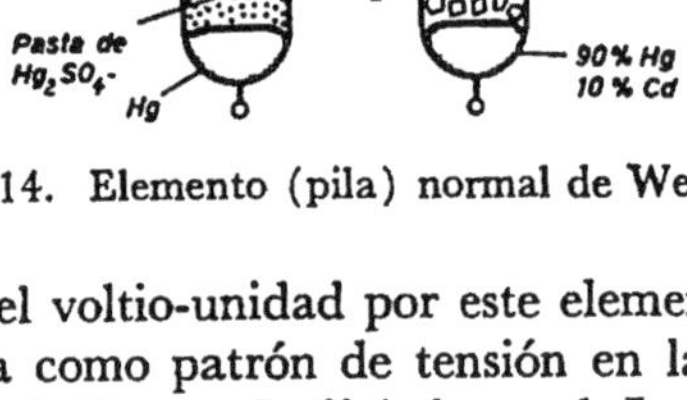

Fig. 14. Elemento (pila) normal de Weston.

nal se define el voltio-unidad por este elemento. Se utiliza de preferencia como patrón de tensión en la conexión de compensación de Poggendorff (véase vol. I, pág. 56).

Pila ácido-álcali

Un caso especial interesante es el que representa la pila de concentración siguiente, que a primera vista no parece de tal tipo:

$$- \mathrm{Pt,H_2/NaOH}\ \frac{N}{100}\ /\mathrm{HCl}\ \frac{N}{100}\ /\mathrm{H_2,Pt}\ +$$

Para comprender su actividad hemos de dejar bien sentado en primer lugar que, lo mismo en el agua pura, en las soluciones acuosas siempre existe el equilibrio $H_2O \rightleftarrows H^{\cdot} + OH'$. Por consiguiente, según la ley de acción de las masas se obtienen para la constante de disociación del agua:

$$K = \frac{[H^{\cdot}] \cdot [OH']}{[H_2O]}$$

La concentración de la porción sin disociar $[H_2O]$ se debe considerar como constante en el agua pura y en las soluciones acuosas diluidas. Lo mismo que en las soluciones de electrólitos saturadas, llegamos al resultado de que el producto de las concentraciones de los iones $H^{\cdot}$ y OH' debe tener siempre un valor constante $K_{ag.}$ en todas las soluciones acuosas diluidas, a una determinada temperatura:

$$[H^{\cdot}] \cdot [OH'] = K_{ag.}$$

Como hay que considerar que el HCl y el NaOH son electrólitos fuertes, podemos suponer que en la solución de HCl 0.01 N hay en números redondos 0.01 Val/l de iones $H^{\cdot}$ y en la solución 0.01 N de NaOH el mismo número de iones OH'. Así pues, la concentración de iones $H^{\cdot}$ en la solución mencionada en último lugar debe ser $[H^{\cdot}] = \frac{K_{ag.}}{0.01}$. Por consiguiente, la pila antes indicada puede ser considerada como una de concentración en lo que se refiere a los iones de hidrógeno. Su f.e.m. a 25° C. es de 0.59 V cuando eliminamos el potencial de líquidos que existe entre el HCl 0.01 *N* y el NaOH 0.01 *N*, mediante un puente electrolítico constituido por una solución saturada de KCl.

Por la fórmula que se verifica en la pila de concentración:

$$\text{f.e.m.} = \frac{\mathbf{R} \cdot T}{\mathbf{F}} \cdot \ln \frac{c_2}{c_1} = 0.0002 \cdot T \cdot \log \frac{0.01 \cdot 0.01}{K_{ag.}} = \\ = 0.59\,\text{V}$$

se calcula entonces para producto iónico del agua $K_{ag.}$, en números redondos:

$$K_{ag.} = [H^{\cdot}] \cdot [OH'] = 10^{-14}$$

un valor que, en vista de la inseguridad de nuestro cálculo aproximado precedente, muestra un acuerdo satisfactorio con lo obtenido para las concentraciones iónicas, $[H^{\cdot}] = [OH'] = 1.16 \cdot 10^{-7}$ Val/l, que pudimos calcular por la conductividad del agua purísima (véase vol. I, pág. 167).

La concentración de iones $H^{\cdot}$ de una solución acuosa se denomina su *grado de acidez.* Se suele expresar por el *grado de acidez* o el *valor del* p_H en escala logarítmica y se define:

$$\text{grado de acidez} = p_H = \log [H^{\cdot}]$$

Así, el grado de acidez 1 representa $[H^{\cdot}] = 0.1$ Val/l. Este es el que tendría aproximadamente una solución 0.1 *N* de HCl, mientras que a las soluciones 0.01 *N* y 0.001 *N* de HCl les corresponderían, respectivamente, los grados de acidez 2 y 3, con suficiente aproximación. En una solución de grado de acidez $p_H = 13$, sería $[H^{\cdot}] = 10^{-13}$ ó, puesto que $[H^{\cdot}] \cdot [OH'] = 10^{-14}$, $[OH'] = 0.1$.Este es el grado de acidez aproximado de una solución 0.1 *N* de NaOH. La solución 0.01 *N* de NaOH tendría, por consiguiente, el grado de acidez $p_H = 12$. En soluciones completamente neutras es $[H^{\cdot}] = [OH'] = 10^{-7}$ y, por lo tanto, tendrán $p_H = 7$.

Una pila de concentración en la cual los dos electrodos de hidrógeno se encuentran sumergidos en soluciones cuya acidez difiere en este grado tendría una f.e.m. de 0.059 V a 25° C. si se eliminara el potencial de líquidos. Por ello, cuando se conoce la acidez de una de las soluciones podemos *calcular y medir*, por lo tanto, la de la otra solución, a partir de la f.e.m. medida. Este método *potenciométrico* se emplea con frecuencia para la determinación del valor del p_H de cualesquiera soluciones. En todo caso, hay que tener en cuenta para ello que las soluciones empleadas no deben contener sustancias extrañas reductoras ni oxidantes que podrían perturbar el establecimiento del potencial de los electrodos de H_2.

El agua absolutamente pura debía mostrar el grado de acidez $p_H = 7$, pero ya insignificantes impurezas desplazan considerablemente el grado de acidez. También las soluciones en la región de p_H de 3 a 11 que se preparan por correspondiente dilución de soluciones de HCl o de NaOH, pueden variar fuertemente su valor de p_H bajo la influencia de cantidades pequeñísimas de sustancias extrañas.

Como *soluciones de graduación* se emplean por ello mezclas de ácidos débiles o de bases débiles con sus sales. Estas actúan en las soluciones como *amortiguadores,* y las protegen de las variaciones considerables del grado de acidez por la acción de impurezas inevitables.

Pilas de concentración sin transporte

Las pilas de concentración que hasta ahora hemos examinado son *con transporte,* en las cuales además del salto de potencial en los dos electrodos existe aún una diferencia de potencial entre las soluciones que limitan entre sí. En las *pilas de concentración sin transporte,* las dos soluciones de distinta concentración están separadas completamente por un conductor metálico, de modo que en ellas sólo hay que tener en cuenta los potenciales de los electrodos y no potenciales de líquidos.

Como ejemplo de un elemento de esta clase, examinemos la pila: $+$ Pt, H_2/HCl $\frac{N}{10}$/Cl_2, Pt — Pt, Cl_2/HCl $\frac{N}{100}$/ H_2, Pt —. Se trata en ella propiamente de dos elementos de gas detonante de cloro conectados uno frente al otro, que actúan con HCl de distinta fuerza y, por consiguiente, muestran distinta f.e.m. Si imaginamos primeramente separados los electrodos con Cl_2, de modo que el polo negativo esté representado por el electrodo de Pt introducido en HCl 0.01 *N*, los dos electrodos con H_2 tendrían, uno respecto al otro, una diferencia de potencial de 0.059 V. Los dos electrodos de Cl_2 del centro rinden suplementariamente el mismo valor de f.e.m. dirigida en el mismo sentido, es decir, el potencial del electrólito de la derecha debe ser 0.059 V más fuertemente negativo que el de la solución de HCl de la izquierda, de modo que la pila de concentración en conjunto debe suministrar una f.e.m. de 0.118 V a 25° C.

De las mediciones prácticas resulta que la f.e.m. de pilas de gas detonante de cloro que funcionan de una parte con HCl 0.1 *N* y de otra parte con HCl 0.01 *N*, se diferencian realmente entre sí en esta cantidad. Si los polos de ambos elementos, conectados entre sí, los unimos por un arco de circuito, en el elemento de la derecha se forman 2 HCl a partir de $H_2 + Cl_2$ y allí aumenta la concentración de HCl, mientras que en el de la izquierda se descomponen electrolíticamente 2 HCl en $H_2 + Cl_2$ por lo que aquí disminuye la concentración de HCl. Estos procesos prosiguen con disminución creciente de la f.e.m. hasta que la concentración de HCl llega a ser de la misma magnitud en los dos electrólitos.

También pueden funcionar pilas sin transporte constituidas por electrodos de primera y segunda clases en la siguiente forma:

$$- \text{Ag}/\text{AgCl}, \text{ZnCl}_2 \frac{N}{10}/\text{Zn}/\text{ZnCl}_2 \frac{N}{100}, \text{AgCl}/\text{Ag} +$$

Los dos electrodos exteriores contribuyen en ella al establecimiento de la f.e.m. total de la pila con 0.059 V y las soluciones de $ZnCl_2$, que se encuentran a uno y otro lado del electrodo central de cinc, con la f.e.m. de la pila de Daniell correspondiente, de 0.029 V. También aquí se suman ambos valores de la f.e.m. y la pila suministra en total 0.088 V.

Pilas de concentración con formación de iones

También pueden obtenerse pilas de concentración en las que no varíe la concentración de las clases de iones activos, sino la de las sustancias que los forman. Esta posibilidad se da en los metales que son menos nobles que el mercurio y que se disuelven en él, mediante el empleo de amalgamas de distinta concentración. La f.e.m. de la pila formada por Hg con 0.075 moles Zn por l/$ZnSO_4$ 0.1 N/Hg con 0.041 moles Zn por l daría, por ejemplo, a 30°, 0.0078 V. Cuando la pila trabaja, pasa Zn, como ion, del electrodo constituido por la amalgama más concentrada a la solución. Sobre el otro electrodo de amalgama se deposita la cantidad correspondiente de Zn, de modo que sólo puede atribuirse la energía libre de la pila al trabajo osmótico que puede obtenerse en el paso de la concentración de Zn más alta, c_2, a la concentración menor c_1:

$$A = \mathbf{R} \cdot T \cdot \ln \frac{c_2}{c_1}$$

y, por lo tanto,

$$\text{f.e.m.} = \frac{\mathbf{R} \cdot T}{n \cdot \mathbf{F}} \cdot \ln \frac{c_2}{c_1}$$

Si introducimos los números correspondientes, se obtiene:

$$\text{f.e.m.} = \frac{0.0002 \cdot T}{2} \log \frac{0.075}{0.041} = 0.0079 \text{ V}$$

Este valor está en el mejor acuerdo con el mencionado, medido realmente en la pila.

Otra posibilidad de obtener pilas de concentración formadoras de iones se da con electrodos de gases que trabajen reversiblemente, porque varía la presión parcial del gas que en ellas actúa, y en consecuencia se obtiene, por ejemplo, la pila:

$$— \text{Pt}, H_2 (p = 1 \text{ atm.}) / \text{HCl} \frac{N}{10} / H_2 (p = 0.1 \text{ atm.}), \text{Pt} +$$

El electrodo que funciona con la presión parcial de H_2 más alta forma entonces el polo negativo. Cuando el elemento trabaja, en este polo pasa el H_2 como ion a la solución: $H_2 \rightarrow 2 H^{\cdot} + 2 \ominus$ y, por ello, sobre el otro electrodo se pone en libertad la misma cantidad de H_2: $2 H^{\cdot} + 2 \ominus \rightarrow H_2$, de modo que el funcionamiento del elemento se debe en suma a la expansión de H_2 de 1 atm. a 1/10 atm. a partir del trabajo máximo que puede obtenerse, $A = \mathbf{R} \cdot T \cdot \ln \frac{p_2}{p_1}$, se calcula para la f.e.m. a 18° C., el valor:

$$\text{f.e.m.} = \frac{\mathbf{R} \cdot T}{n \cdot \mathbf{F}} \cdot \ln \frac{p_2}{p_1} = \frac{0.0002 \cdot 291}{2} \cdot \log \frac{1}{0.1} = 0.029 \text{ V}$$

que también es el que se mide realmente en esta pila.

El electrodo normal de hidrógeno

Como ya se ha mencionado en la página 121, dada la deficiente reproductibilidad de un electrodo de potencial cero absoluto, se ha acordado el uso general del electrodo normal de hidrógeno como electrodo de referencia y se ha establecido arbitrariamente su potencial = cero, de modo que el valor fijado es válido para todas las temperaturas. Se trata pues del potencial que adquiere una lámina de platino revestida de musgo de platino en la forma adecua-

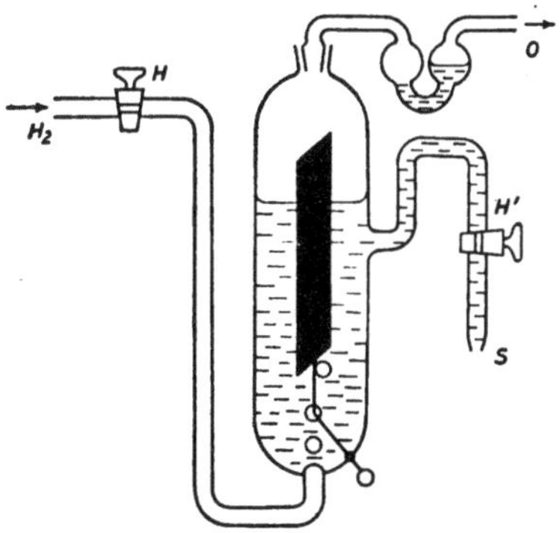

Fig. 15. Electrodo normal de hidrógeno.

da, cuando está en contacto con hidrógeno a la presión parcial de 760 mm Hg y simultáneamente introducido en una solución de grado de acidez $p_H = 0$. Antes se creía que este grado de acidez era el que tendría aproximadamente el H_2SO_4 2 *N*. Nuevas y cuidadosas investigaciones han dado, no obstante, por resultado que el grado de acidez $p_H = 0$ a 25° C. viene dado con mayor autenticidad por HCl 1.184 *N*. En este, puede admitirse que la *actividad* (véase pág. 202) de los iones $H^{\cdot}$ es casi = 1.

Una forma de realización prácticamente utilizable del electrodo normal de hidrógeno es la representada en la figura 15. Para establecer correctamente el potencial se necesita hidrógeno cuidadosamente purificado y en particular exento por completo de O_2, que se introduce por la llave *H* y sale por *O*. Para la medición del potencial de un electrodo cualquiera, es decir, para la medición de su *potencial* ε_H se pone en contacto el extremo *S* del tubo sifón, cargado con el mismo ácido que el recipiente del electrodo, con el electrólito del electrodo objeto de medición (en caso necesario, por medio de un puente electrolítico para eliminar potenciales de líquidos). Se mide luego la f.e.m. por uno de los métodos descritos en el volumen I, páginas 54 y 70.

Potencial normal y serie de potencial electroquímico

Al electrodo normal de hidrógeno, que posea el *potencial normal* del hidrógeno elegido arbitrariamente como punto cero, se suelen referir los potenciales normales de todos los demás elementos químicos y sobre todo el potencial normal de los metales. Se entiende como tal el potencial, o mejor, la f.e.m. que muestra el metal correspondiente respecto al electrodo normal de hidrógeno cuando se introduce en una solución acuosa de molaridad = 1 en su ion (expresado con más rigor, cuando se introduce en una solución en la que la actividad de su ion es = 1) y se une con el electrodo normal de hidrógeno para formar un elemento galvánico, con la mayor eliminación posible de potenciales de líquidos.

Si no se trata de un metal sino de un metaloide, éste se pone en contacto en su forma de agregación ordinaria (sólido, líquido o gas a 760 mm Hg) con un portador indiferente, necesario para la conducción de corriente, y se utiliza como electrólito una solución de molaridad 1 en los iones del no metal considerado.

En la tabla 2 se dan los potenciales normales de algunos metales y metaloides. En ella se han ordenado los potenciales por su magnitud, y se ha partido de los metales no nobles con alta tensión de disolución y, por consiguiente, con potencial normal fuertemente negativo para terminar con los metales nobles y los halógenos cuyo potencial normal lleva signo positivo. Esta *serie potencial* representa una medida muy útil para poder juzgar del carácter más o menos noble de un metal. Todo metal que en esta serie esté colocado por encima de otro, o sea que sea menos noble respecto a éste, es capaz de desplazar los iones del último de sus soluciones acuosas de molaridad 1 y, por consiguiente, se depositará sobre su superficie un metal que ocupará un lugar posterior en la serie, como hace el hierro, por ejemplo, cuando se pone en contacto con soluciones de $CuSO_4$.

TABLA 2

Serie potencial y potencial normal ε_H de los elementos químicos en solución acuosa a 25° C. y 760 mm Hg.

Formación de iones	ε_H Potencial normal V	Formación de iones	ε_H Potencial normal V
$K/K^{\cdot}$	— 2.92	$Sb/Sb^{\cdot\cdot\cdot}$	+ 0.2
$Na/Na^{\cdot}$	— 2.71	$Cu/Cu^{\cdot\cdot}$	+ 0.345
$Mg/Mg^{\cdot\cdot}$	— 1.55	$Cu/Cu^{\cdot}$	+ 0.53
$Mn/Mn^{\cdot\cdot}$	— 1.10	$Ag/Ag^{\cdot}$	+ 0.799
$Zn/Zn^{\cdot\cdot}$	— 0.76	$2Hg/Hg_2^{\cdot\cdot}$	+ 0.800
$Fe/Fe^{\cdot\cdot}$	— 0.44	$Hg/Hg^{\cdot\cdot}$	+ 0.861
$Cd/Cd^{\cdot\cdot}$	— 0.40	$Au/Au^{\cdot\cdot\cdot}$	+ 1.30
$Ni/Ni^{\cdot\cdot}$	— 0.24	$O_2, Pt/OH'$	+ 0.40
$Sn/Sn^{\cdot\cdot}$	— 0.14	$I_2, Pt/I'$	+ 0.535
$Pb/Pb^{\cdot\cdot}$	— 0.13	$Br_2, Pt/Br'$	+ 1.06
$H_2/2H^{\cdot}$	0.00	$Cl_2, Pt/Cl'$	+ 1.36

La diferencia de los potenciales normales indicados representa igualmente la f.e.m. de una pila Daniell cuando está formada por los dos metales introducidos en soluciones de sus sales, de molaridad 1. Los valores de los potenciales normales y, por lo tanto, la mencionada f.e.m. son independientes de los aniones de la misma clase contenidos en las soluciones de las sales metálicas, puesto que las sales casi en su totalidad se cuentan entre los electrólitos fuertes y entre ellas sólo existen diferencias insignificantes. Solamente en las sales complejas pueden desviarse las relaciones de modo considerable, según el grado de formación de complejos, puesto que para el establecimiento del potencial de los electrodos sólo es decisiva la actividad de los iones metálicos y no la de los iones complejos del metal. Así, por ejemplo, en la pila:

$$+ \text{Zn}/\text{ZnSO}_4\, N \,/\, \text{solución saturada de KCN}/\text{Cu} -,$$

el cobre es el polo negativo, esto es, el metal aparentemente menos noble, porque la concentración de iones Cu en la solución saturada de KCN, es extraordinariamente baja como consecuencia de la formación del ion complejo $Cu(CN)_2'$.

Los potenciales normales de los metales alcalinos, que son los que se alistan primeramente en la tabla 2, no pueden medirse, como es natural, de modo inmediato a causa de su estabilidad en soluciones acuosas. Se calculan por una parte de forma aproximada a partir de datos térmicos y de otra parte se miden por el método de rodeo, mediante una pila como:

$$- \text{K}/\text{KI en etilamina}/\text{amalgama de K}/\text{KCl}\ \frac{N}{10}\,,\ \text{AgCl}/\text{Ag} +$$

en la cual en principio se introduce un electrodo de K en una solución no acuosa y se une por medio de la amalgama de K con la solución acuosa en que se halla el electrodo de referencia, cuyo potencial ε_H es conocido.

Pasividad

Los valores numéricos de los potenciales normales adolecen aún en muchos casos de cierta inseguridad, si bien en general pequeña. Esto se debe, de una parte, a que no conocemos exactamente la molaridad (que se corresponde con la actividad) de cada uno de los iones metálicos de las soluciones salinas empleadas. Por otra parte, resultan dificultades por la *pasividad* de algunos metales. Esto sucede, por ejemplo, con Fe, Ni, Co, Cr y Al. La formación del estado de equilibrio entre el metal y sus iones en la solución que con él se encuentra en contacto se verifica frecuentemente en estos metales, según las circunstancias existentes, con extraordinaria inercia. La causa de este fenómeno se percibe que consiste en general en que la superficie del metal se reviste con una película de un compuesto del metal poco soluble (sal básica, hidróxido, etc.) que impide de una manera puramente mecánica el paso a la solución del metal como ion *(pasividad mecánica o por revestimiento)*. Estas películas de recubrimiento pueden formarse por una reacción química del metal con el electrólito o con el oxígeno del aire en él disuelto o por carga anódica del electrodo. La inhibición del establecimiento del equilibrio entre el metal y la solución de su sal se produce también porque su potencial en estado de descarga completa (sin corriente) es mucho más fuerte positivamente que el del metal puro *activo*. Con la carga anódica, el metal pasivo adquiere un potencial positivo aún más alto. Entonces, según las circunstancias, no pasa a la solución principalmente como ion, así que en cambio se descargan en él aniones y se realiza un desprendimiento de oxígeno.

De modo particularmente notable se observa este comportamiento en el níquel en los álcalis. La estabilidad del mismo en estas y otras soluciones alcalinas es igual prácticamente a la de un metal noble. Ni siquiera después de una permanencia de años en ellas pierde su brillo metálico y sigue también invariable en la descarga anódica. Sólo después de una electrólisis de larga duración se observa sobre el ánodo de níquel en un álcali un ligero velo de hidróxido de níquel (III). De modo típicamente pasivo (si bien tampoco en medida tan sobresaliente como el níquel) se comporta también el hierro en estas soluciones alcalinas. Por ello, se recomienda la chapa de hierro niquelada como un *material portador* y de construcción resistente y estable en los acumuladores alcalinos (véase más adelante).

Algunos metales, por ejemplo, Al, Ta y Sb se revisten, mediante su empleo como ánodos en electrólitos adecuados, con capas de óxido especialmente gruesas y además aislantes. El transporte de corriente del metal a la solución sólo es posible entonces, según las circunstancias, con tensiones de varios centenares de voltios y con formación de diminutas chispitas en la *capa barrera.* Es asombroso que esta capa sólo oponga una resistencia muy pequeña al flujo de corriente en la carga catódica del metal, o sea, en sentido de corriente inverso. Por ello se pueden emplear electrodos que muestran una *acción de válvula* de esta clase como rectificadores para corriente alterna.

Aún no se tiene seguridad de que siempre sea la causa de la pasividad una capa de recubrimiento. Lo mismo que en el níquel pasivo, en otros muchos casos no se comprueba en absoluto o si acaso escasamente la formación de un revestimiento protector. Si se sumerge, por ejemplo, hierro en ácido fuertemente oxidante (HNO_3 conc. o H_2CrO_4) apenas se ataca y queda completamente brillante *(pasividad química).* El hierro así pasivado conserva su aspecto en contacto con soluciones de $CuSO_4$ y no deposita cobre. En las soluciones de sales ferrosas se muestra un alto potencial positivo, con lo que se comporta completamente como un metal noble. Sólo largo tiempo después, especialmente bajo la acción de soluciones ácidas o por iones activadores (Cl'), llega a manifestarse de nuevo el carácter innoble del metal.

La sobretensión

En el empleo práctico de los potenciales normales alistados en la tabla 2, siempre debe tenerse en cuenta naturalmente que los valores dados en ella sólo son válidos para el caso de que el metal esté introducido en una solución en la que la molaridad (con mayor rigor: actividad) de sus iones sea $= 1$. Si esto no se cumple, se desplaza el potencial ε_H del metal, en correspondencia con las leyes que se verifican en las pilas de concentración. También es preciso tener en cuenta esto en los electrodos en que su actividad electromotriz se deba a no metales. Un electrodo de H_2 (con H_2 a 760 mm Hg) mostraría por ello en solución neutra, esto es, en una solución de grado de acidez $p_H = 7$, un potencial de $\varepsilon_H = 7 \cdot (-0.059) = -0.413$ V respecto al electrodo normal de hidrógeno. El grado de acidez mencionado es el que presentan aproximadamente las soluciones salinas de molaridad 1, en las cuales se mide el potencial normal de los metales. Por ello, todos los verdaderos metales cuyo potencial queda por encima de -0.413 V deben ser inestables frente a soluciones acuosas y, sobre todo, frente a soluciones ácidas y, por consiguiente, disolverse con desprendimiento de H_2. Como sabemos, en las soluciones neutras sólo sucede esto con los metales alcalinos y alcalinotérreos. En cambio, metales, como por ejemplo el cinc, cuyo potencial normal es igualmente negativo si bien de magnitud no tan alta, aparecen bastante estables frente a soluciones acuosas neutras. La causa de este comportamiento reside en la *sobretensión* del hidrógeno, que se manifiesta en una cierta inhibición contra la cual tropieza la descarga de iones $H^{\cdot}$.

Sólo en unos pocos metales, especialmente los metales del grupo del platino, esta inhibición es tan insignificante que con su empleo como cátodo tiene lugar, sin más, un desprendimiento de burbujas de hidrógeno, tan pronto como el potencial aplicado sobrepase un poco al potencial reversible del hidrógeno en la solución correspondiente. Sobre cátodos de otros metales sólo se produce desprendimiento claro de hidrógeno con potenciales negativos esencialmente más fuertes. La cantidad mínima de tensión necesaria en que el potencial del material del cátodo debe sobrepasar al potencial reversible de hidrógeno, antes de producirse desprendimiento de éste, se designa por *sobretensión* del metal correspondiente.

De modo análogo, tampoco el oxígeno se pone en libertad inmediatamente después de sobrepasarse su potencial reversible sobre un ánodo. Aquí igualmente sólo comienza un claro desprendimiento de oxígeno después de que se sobrepase de un cierto exceso de tensión, que depende del material del ánodo. La magnitud de estas tensiones en exceso mínimas del hidrógeno y del oxígeno se da para algunos metales en la tabla 3.

TABLA 3

Sobretensión del hidrógeno y del oxígeno sobre distintos metales

Material de los electrodos	Sobretensión del hidrógeno, V	Sobretensión del oxígeno, V
Paladio	0	+ 0.42
Platino (revestido con musgo de platino)	0	+ 0.24
Platino (brillante)	— 0.08	+ 0.44
Plata	— 0.10	+ 0.40
Níquel	— 0.14	+ 0.12
Cinc	— 0.70	—
Hierro	— 0.18	+ 0.24
Cobre	— 0.19	+ 0.25
Plomo	— 0.40	+ 0.30
Mercurio	— 0.57	—

Por los valores dados para el platino se ve que el estado de la superficie de los electrodos tiene influencia considerable sobre la magnitud de la sobretensión. Se supone que esto se debe a que la sobretensión, como ocurre en la sobreebullición, ha de atribuirse a una inhibición en la formación de las burbujas gaseosas. Con todo, no existe una comprobación exacta del comportamiento que apoya esta suposición. Antes bien, pudiera deberse la sobretensión de ambos gases a que la descarga de los iones $H^{\cdot}$ y OH' y la recombinación de los átomos de H y O que aparecen como productos intermedios para formar las moléculas H_2 y O_2, sufren cierta inhibición más o menos fuerte según la naturaleza de la superficie del metal, y, por consiguiente, según la capacidad del metal para la aceleración catalítica de las reacciones secundarias citadas que se producen con distinta velocidad.

Según la tabla 2, un electrodo de Zn en solución molar aproximada de $ZnSO_4$ muestra su potencial normal de $\varepsilon_H = -0.76$ V. Si no existiera sobretensión, el cinc debería pasar rápidamente a la solución con desprendimiento de H_2, puesto que su potencial sobrepasa considerablemente, en cerca de -0.3 V, al potencial de hidrógeno reversible válido para la citada solución (además débilmente ácida a causa de una pequeña hidrólisis). La alta sobretensión del hidrógeno sobre el cinc, de 0.70 V, impide este proceso o mejor dicho lo inhibe muy considerablemente. Sólo se produce claro desprendimiento de hidrógeno en la solución de $ZnSO_4$ cuando subimos el potencial del cinc por carga catódica por encima de un valor ε_H de $0.3 + 0.7 = 1.0$ V aproximadamente.

En ácido clorhídrico de grado de acidez $p_H = 0$ y que sea 0.001 molar en iones de cinc, una barrita de cinc debería mostrar (véase pág. 135) el potencial de $\varepsilon_H = -(0.76 + 3 \cdot 0.029) = -0.847$ V. El electrodo de hidrógeno reversible en esta solución muestra $\varepsilon_H = 0$. Su potencial sobrepasa por ello en el ácido clorhídrico citado al del electrodo de cinc en 0.847 V. Como este valor excede también a la sobretensión sobre el cinc, en esta solución el cinc desprende claramente hidrógeno. El desprendimiento de hidrógeno, en este caso regularmente fuerte (o según las circunstancias bajo otras condiciones reprimido por la alta sobretensión) puede acelerarse considerablemente por contacto del cinc con un hilo de platino igualmente introducido en la solución (o en general, Pt sólo disuelto). De este modo el hidrógeno no se desprende sobre el cinc, lo que resulta interesante, sino casi exclusivamente sobre el hilo de platino. En la superficie del cinc sólo puede observarse formación de crenchas, un signo de que allí se realiza formación de $ZnCl_2$, puesto que el cinc pasa así a la solución. Además, como se ha podido comprobar, fluye igualmente una corriente más intensa, correspondiente según la ley de Faraday de una parte al desprendimiento de H_2 sobre el platino y de otro lado a la disolución del cinc, corriente que pasa de uno a otro metal. Se trata así pues de un elemento galvánico en cortocircuito, cuya f.e.m., en las condiciones mencionadas, puede ser medida como de 0.847 V y, por ello, se basa exclusivamente en que el desprendimiento de H_2 sobre el cinc queda inhibido por su alta sobretensión y en que esta inhibición no existe en el platino.

La velocidad de disolución del cinc y el desprendimiento de H_2 que la acompaña pueden subirse también considerablemente si se agregan al ácido que está en contacto con el cinc indicios de una sal de platino o de la sal de otro metal más noble que el cinc (por ejemplo, Cu). Estos metales se depositarán por el cinc sobre su superficie y forman entonces, así como ocurría con el hilo de platino, simplemente pequeños elementos galvánicos *(elementos locales)*. La reducción de la sobretensión de hidrógeno por este camino produce en estos metales más nobles un desprendimiento tumultuoso de hidrógeno y, por consiguiente, una aceleración de la disolución del cinc. Esta *acción local* puede producirse también por el contenido del cinc en metales más nobles. Por ello, el cinc muy purificado es mucho menos soluble en los ácidos que el cinc ordinario. Se pueden observar fenómenos parecidos también en otros metales no nobles por la acción local de metales extraños.

Pilas de oxidación-reducción

Como la inmensa mayoría de las reacciones químicas pueden suponerse como procesos de oxidación o bien de reducción, la f.e.m. de la mayoría de las pilas *químicas* se basa en esencia en un proceso de reducción en un electrodo y otro de oxidación en el otro electrodo. Así, la formación de cationes en el electrodo de solución de un elemento de Daniell puede considerarse como oxidación y la descarga de cationes en el electrodo opuesto como reducción.

En sentido riguroso se entiende por pila de oxidación-reducción un elemento galvánico cuyos dos electrodos están formados por un material indiferente química y, por tanto, electroquímicamente respecto a los electrólitos y en el cual, de una parte, tiene actividad electromotriz un oxidante y, por otro lado, un reductor. Como material de electrodos inatacable se prefiere en general usar platino, además de grafito, carbón de retorta y también, en algunos casos, metales no nobles, siempre que se comporten pasivamente en los electrólitos empleados. El electrodo introducido en la solución de acción oxidante muestra entonces en relación al que se encuentra en contacto con el reductor un potencial positivo. Si llegan a desplegar toda su actividad las sustancias reaccionantes, sin inhibición ni reacciones secundarias, en los dos electrodos, la f.e.m. de la pila corresponderá a la tendencia de la reacción, es decir, a la energía libre del proceso total.

Examinemos a modo de ejemplo, la pila:

$+$ Pt/solución M de sal $Fe^{\cdot\cdot\cdot}$/solución M de sal $Fe^{\cdot\cdot}$/Pt$-$

El proceso total consiste aquí exclusivamente en una formación de iones $Fe^{\cdot\cdot}$ a partir de iones $Fe^{\cdot\cdot\cdot}$, por un lado, y el proceso inverso, por el otro lado. Si la solución de $Fe^{\cdot\cdot\cdot}$ está exenta de iones $Fe^{\cdot\cdot}$ e igualmente la solución de $Fe^{\cdot\cdot}$ no contiene iones $Fe^{\cdot\cdot\cdot}$, el proceso total al comienzo de la actuación de la cadena se verifica de forma que las dos clases de iones salen de los espacios de concentración molar (M) y aparecen en los espacios en que su concentración respectiva es $= 0$. Un proceso semejante tendría latente una cantidad infinitamente grande de energía libre y, por lo tanto, debería aparecer una f.e.m. igualmente prodigiosa. Esta en todo caso se reduciría inmediatamente a un valor finito, tan pronto como se estableciera por el funcionamiento de la pila una concentración finita de iones $Fe^{\cdot\cdot}$ en la solución de $Fe^{\cdot\cdot\cdot}$ y a la inversa de iones $Fe^{\cdot\cdot\cdot}$ en la solución de $Fe^{\cdot\cdot}$. El que la f.e.m. de estas pilas no sea en realidad infinitamente grande, se debe a que es prácticamente imposible preparar soluciones en las que exclusivamente sólo esté presente en realidad una clase de iones Fe y en que la otra clase tenga la concentración O. Estas soluciones reaccionarían con los iones del agua:

$$2\,Fe^{\cdot\cdot} + 2\,H^{\cdot} \rightarrow Fe^{\cdot\cdot\cdot} + H_2$$

o: $$4\,Fe^{\cdot\cdot\cdot} + 4\,OH' \rightarrow 4\,Fe^{\cdot\cdot} + O_2 + 2\,H_2O$$

El H_2 o el O_2 formados se separarían en particular en el metal platino, lo que puede comprobarse en realidad con soluciones de sales de Fe oxidantes o reductoras en grado extremadamente fuerte.

De esta consideración se deduce que el potencial de un electrodo en el cual tenga actividad electromotriz un oxidante o un reductor, no solamente está determinado por su concentración, sino que depende también de la concentración de su producto de reducción o de oxidación, simultáneamente presente, y que se forma en él por el consumo de corriente. Estos potenciales son por ello inconstantes en tanto varíe fuertemente la concentración del producto de reacción formado en el electrodo que trabaja. La pila:

$$+\ \mathrm{Pt}\Big/\frac{\text{sol. } 0.1\ N \text{ de sal } \mathrm{Fe}^{\cdots}}{\text{sol. } 0.01\ N \text{ de sal } \mathrm{Fe}^{\cdot\cdot}}\Big/\frac{\text{sol. } 0.1\ N \text{ de sal } \mathrm{Fe}^{\cdot\cdot}}{\text{sol. } 0.01\ N \text{ de sal } \mathrm{Fe}^{\cdots}}\Big/\mathrm{Pt}\ -$$

está mucho mejor definida que la mencionada anteriormente, porque la concentración de los iones de Fe que actúan en ambos electrodos no se desplaza ya en grado considerable con pequeña sustracción de corriente.

Cada uno de los dos electrodos de Pt puede ser considerado por ello como un electrodo de H_2 en el cual el Pt se carga con una cierta cantidad de H_2 por el proceso

$$2\,\mathrm{Fe}^{\cdot\cdot} + 2\,\mathrm{H}^{\cdot} \rightleftarrows 2\,\mathrm{Fe}^{\cdots} + \mathrm{H}_2$$

Las concentraciones de H_2, $[H_2]_1$ y $[H_2]_2$ en los dos electrodos deberían corresponder, según la ley de acción de las masas, al equilibrio:

$$K = \frac{[\mathrm{Fe}^{\cdots}]^2 \cdot [\mathrm{H}_2]}{[\mathrm{Fe}^{\cdot\cdot}]^2 \cdot [\mathrm{H}^{\cdot}]^2}$$

es decir, sobre el electrodo positivo deberá ser:

$$[\mathrm{H}_2]_1 = \frac{K \cdot (0.01)^2 \cdot (10^{-5})^2}{(0.1)^2}$$

y sobre el negativo:

$$[\mathrm{H}_2]_2 = \frac{K \cdot (0.1)^2 \cdot (10^{-5})^2}{(0.01)^2}$$

si ambas soluciones tienen el mismo grado de acidez 5, o sea, la concentración de hidrogeniones 10^{-5} Val/l.

De este modo se puede reconsiderar la pila como una de concentración con formación de iones, en la cual funciona el H_2, de un lado, con la concentración $[H_2]_1 = K \cdot 10^{-12}$

y, de otro lado, con la concentración $[H_2]_2 = K \cdot 10^{-8}$. Como a una diferencia de concentración de una potencia de diez (véase pág. 150), le corresponde una f.e.m. de 0.029 V, la pila considerada tendría una f.e.m. de 0.116 V, que es también la que se mide realmente en ella.

Por consiguiente, para cada electrodo *Redox* se puede indicar una concentración determinada de H_2 o una presión parcial dada de H_2, que corresponde a su potencial. Para todas las soluciones con actividad oxidante o reductora se obtiene con ello una especie de serie potencial que representa una medida fina de su fuerza en este aspecto.

Un electrodo de Pt introducido en una solución molar de iones $Fe^{\cdot\cdot\cdot}$ y también de iones $Fe^{\cdot\cdot}$, muestra respecto al electrodo normal de hidrógeno el potencial + 0.77 V. Este potencial se suele designar por *potencial normal* del electrodo Redox considerado. En otras soluciones de sales metálicas cuyos cationes puedan presentarse en distintos grados de valencia, los potenciales normales que se han medido con electrodos de platino, de acuerdo con esta definición, son los siguientes:

	ε_H
$Cr^{\cdot\cdot}/Cr^{\cdot\cdot\cdot}$	— 0.41
$Sn^{\cdot\cdot}/Sn^{\cdot\cdot\cdot\cdot}$	+ 0.15
$Cu^{\cdot}/Cu^{\cdot\cdot}$	+ 0.16
$Hg_2^{\cdot\cdot}/Hg^{\cdot\cdot}$	+ 0.91
$Co^{\cdot\cdot}/Co^{\cdot\cdot\cdot}$	+ 1.84

También pueden prepararse electrodos Redox mediante el empleo de sustancias orgánicas como oxidantes o reductores. Un electrodo de este tipo que se emplea mucho para mediciones de p_H es el *electrodo de quinhidrona*. Se basa en el proceso:

Quinona Hidroquinona

La quinona y la hidroquinona son fácilmente aplicables, por ello, en concentraciones de igual fuerza, por lo que se emplean en forma de su compuesto molecular *Quinhidrona* que cristaliza bien y que es muy poco soluble en agua. Si se satura con este compuesto ácido clorhídrico de valor $p_H = 0$, una lámina de Pt introducida en la solución muestra respecto al electrodo normal de hidrógeno $\varepsilon_H = + 0.699$ V. Con valores crecientes del p_H de la solución del ácido varía el potencial en 0.058 V por grado de acidez. El electrodo sólo puede usarse hasta el grado 8, porque la hidroquinona tiene actividad de ácido débil en soluciones alcalinas y además se descompone por el oxígeno del aire.

Entre las pilas de oxidación-reducción pueden figurar en un sentido más amplio muchos elementos primarios que se usan en la práctica y cuya construcción sólo puede indicarse aquí someramente:

	f.e.m., aprox.
Elemento Grove:	
+ Pt/HNO_3 conc./H_2SO_4 dil./Zn —	1.9 V
Elemento Bunsen:	
como el anterior, pero con electrodos de carbón en vez de platino	1.9 V
Elemento de inmersión de ácido crómico:	
+ electrodo de carbón/ácido cromosulfúrico/Zn —	2.3 V

Se puede considerar también la actividad de estos elementos como consecuencia de que el hidrógeno formado en el electrodo positivo al cerrar el circuito de corriente se quema inmediatamente *en estado naciente* por los ácidos enérgicamente oxidantes o, como también se dice, se elimina por *despolarización.* Respecto al elemento de pila de Volta, sobre cuyo electrodo de Cu positivo se desprende sin dificultades el hidrógeno al cerrar el circuito, se habrá conseguido, por ello, una subida de la f.e.m. desde 1 V a 1.9-

2.3 V aproximadamente. Una polarización semejante, si bien no tan fuertemente activa, se puede producir también por el oxígeno del aire, como es el caso, por ejemplo, en el elemento *despolarizado por el aire:*
$+ O_2$ sobre electrodo de carbón/sol. NH_4Cl/Zn — (f.e.m. aprox. 1.4 V).

Electrodos de óxido

El oxidante activo sobre un electrodo puede también estar presente en forma de óxido poco soluble. El material de electrodos inerte sirve entonces, en general, no sólo para el intercambio de las cargas sino además como *portador* del óxido. Estos electrodos de óxido se conocen en gran número. Se usan en muchos elementos galvánicos de importancia práctica y en acumuladores:

	f.e.m., aprox. V
Elemento Leclanché:	
+ grafito, MnO_2/sol. NH_4Cl/Zn —	1.4
Elemento Cupron:	
+ Cu, Cu_2O/sol. NaOH/Zn —	0.85
Elemento mercurio-cinc:	
+ grafito, HgO/sol. cincato potásico/Zn —	1.30
Acumulador de plomo:	
+ Pb, PbO_2/H_2SO_4 dil./Pb esponjoso —	2.0
Acumulador de acero:	
+ Ni, $Ni_2O_3 \cdot H_2O$/sol. KOH / Esponja de Fe	1.35
+ Ni, $Ni_2O_3 \cdot H_2O$/sol. KOH / o de Cd	1.30

El potencial de un electrodo de óxido depende naturalmente de la concentración de los iones metálicos en él activos suministrados por el óxido, y, por consiguiente, de la solubilidad del óxido o bien del hidróxido correspondiente. La solubilidad del óxido o del hidróxido dependen, sin embargo, de la concentración de iones O″ o bien iones OH′, y, por lo tanto, del valor de p_H de la solución. Por ello, el potencial de los electrodos de óxido es en general una función del valor del p_H del electrólito y justamente se desplaza el potencial de los electrodos de óxido hacia los valores negativos al aumentar la concentración de iones OH′ y hacia los valores positivos al disminuir dicha concentración. Esto está de acuerdo con la experiencia puramente química de que un oxidante despliega su acción más enérgica en solución ácida y un reductor, por el contrario, en solución alcalina. Como en los electrodos de óxido, por ejemplo, en el electrodo Hg/HgO o en el electrodo Sb/Sb_2O_3, varía su potencial con el valor del p_H del electrólito que le rodea, en forma análoga a como ocurre en un electrodo de hidrógeno, dichos electrodos son utilizables, como éste, para mediciones de p_H.

El acumulador de plomo

La invención del acumulador de plomo, acerca de cuyo comportamiento energético ya se ha hablado en las páginas 37-41, se atribuye a los trabajos de J. W. Sinsteden (1854) e independientemente de él, a G. Planté (1859). Si se introducen dos láminas de plomo como electrodos en ácido sulfúrico diluido, ambas muestran, como es natural, el mismo potencial. Sin embargo, si se pasa durante cierto tiempo una corriente por la célula electrolítica así formada, la lámina que sirve de ánodo toma un color pardo oscuro y al desconectar la corriente muestra una f.e.m. de unos 2.0 V respecto al cátodo, que sigue con su color gris plomo apenas alterado. En lo que sigue se examinan separadamente los procesos que conducen a esta polarización.

Al introducir una lámina de plomo en H_2SO_4 diluido se reviste de una capa delgada de $PbSO_4$ que en parte se forma a partir de la capa de óxido o de hidróxido que recubría el metal y parcialmente, en menos proporción, a partir del metal libre que aflora, con desprendimiento de una pequeña cantidad de H_2. Por tratarse de una sal muy poco soluble, la mayoría del $PbSO_4$ queda en su lugar de formación y reviste toda la superficie de la lámina como una película sólidamente adherida. Si entonces se conecta una lámina como ánodo, se descargan en ella iones SO_4'', con lo cual el radical SO_4 en el momento de su formación reacciona con $PbSO_4$ y 2 moles de agua, según la ecuación:

$$PbSO_4 + 2\oplus + SO_4'' + 2\,H_2O \rightarrow Pb(SO_4)_2 + 2\,H_2O \rightarrow PbO_2 + 2\,H_2SO_4 \qquad (a)$$

Se forma así primeramente sulfato de plomo tetravalente, que con 2 moles de agua se descompone en PbO_2 y 2 moles de H_2SO_4. El revestimiento de $PbSO_4$ del electrodo se transforma por ello por completo en PbO_2, igualmente muy poco soluble en el ácido sulfúrico. En el lugar en que todavía aflora libre la superficie de plomo, se forma en principio $PbSO_4$, según la ecuación:

$$Pb + SO_4'' + 2\oplus \rightarrow PbSO_4 \qquad (b)$$

que luego, por adición de más cargas positivas, se transforma igualmente en PbO_2, con arreglo a la ecuación (*a*). Con un tiempo suficientemente largo de carga anódica se reviste finalmente toda la superficie de plomo introducida en ácido sulfúrico con una capa fina, pero densa, de PbO_2 de color pardo negruzco.

Con electrólisis más prolongada, los iones SO_4'' que se descargan ya no se encuentran con $PbSO_4$ ni Pb para poder reaccionar, y entonces reaccionan solamente entre sí y con 2 moléculas de agua, según la ecuación:

$$2\,SO_4'' + 4\oplus + 2\,H_2O \rightarrow 2\,H_2SO_4 + O_2 \qquad (c)$$

Se desprende así O_2 y la porción mayor de la lámina de plomo queda protegida de nuevo ataque por la de PbO_2, según (*a*) y (*b*).

El que la corriente eléctrica no sea interrumpida aquí por la capa de óxido, como en algunos otros metales (véase pág. 156), sino que sólo se reduzca regularmente, se debe a la circunstancia de que el PbO_2 pertenece a los semiconductores (véase vol. I, pág. 46).

El $PbSO_4$ que se encuentra en la superficie del cátodo se reduce en la electrólisis a plomo esponjoso finamente dividido que se adhiere a la lámina de plomo, según la ecuación:

$$PbSO_4 + 2\ominus + 2H^{\cdot} \rightarrow Pb + H_2SO_4 \qquad (d)$$

Cuando este proceso termina y ya no existe más $PbSO_4$, con otro paso de corriente se desprende en el cátodo hidrógeno por descarga de iones $2H^{\cdot} + 2\ominus \rightarrow H_2$.

Después que en los electrodos se verifican los procesos representados por las ecuaciones (*a*) y (*b*), que se producen con una tensión de bornes de 2.2 V, al prolongar la electrólisis sólo se desprenden cantidades equivalentes de O_2, por un lado, y de H_2, por otro. La tensión en los bornes sube con ello, según las condiciones detalladas (temperatura, intensidad de corriente) hasta 2.4 a 3 V y queda en adelante, con intensidad de corriente invariable, prácticamente constante.

Las sustancias originadas en las dos láminas de plomo por la electrólisis, PbO_2 y Pb esponjoso, a causa de su escasa solubilidad quedan en el lugar en que se formaron y, por ello, no pueden reaccionar químicamente entre sí. Sin embargo, uno y otro tienen actividad electroquímica. La f.e.m. entre los dos electrodos, en ácido sulfúrico de la densidad 1.20, después de desconectar la corriente, es de unos 2.04 V, y para ácido de otras densidades se calcula por la fórmula empírica: f.e.m. = densidad del ácido + 0.84 V.

Como acumulador, la disposición descrita es en principio inutilizable, porque las cantidades generadas en la electrólisis de sustancias electroquímicamente activas, esto es, de *material activo,* son demasiado pequeñas para conseguir una capacidad prácticamente valiosa. Planté se dio cuenta de que con la inversión de corriente repetida muchas veces se aumentaba considerablemente el material activo y con ello podía elevarse, por consiguiente, la capacidad de conducción de la célula. Las láminas de plomo eran atacadas con ello cada vez más hasta que se agotaban, proceso que se designa por *formación.*

Prácticamente hoy no se emplea ya esta *formación de Planté* para la preparación de acumuladores de plomo, porque requiere demasiado consumo de tiempo y de corriente. Se vio que se consigue llegar a ese objetivo con más rapidez cuando se agregan al ácido sulfúrico otros ácidos que (como el HNO_3, $HClO_4$, etc.) dan sales de plomo solubles. A causa del consumo de iones SO_4'' en el ánodo por el $PbSO_4$ formado, se adhieren los aniones de estos ácidos bajo la capa del $PbSO_4$ o PbO_2, por lo que primariamente se forma en el proceso en el ánodo sal de plomo soluble. Por reacción con el ácido sulfúrico que allí penetra se forma por ello, en la capa que se está formando de PbO_2, primeramente $PbSO_4$, y se regenera el ácido agregado. El $PbSO_4$ formado se transforma entonces en PbO_2 con arreglo a la ecuación (*a*). Cuando la capa formada en esta *formación rápida* ha alcanzado un espesor suficiente, deben naturalmente lavarse muy bien las placas para separar el ácido agregado con el fin de que no vuelva a actuar en el elemento acabado y pueda conducir a una descomposición completa del núcleo de plomo del electrodo, necesario imprescindiblemente para la conducción de corriente.

Para dar a la capa formada de material activo la necesaria solidez, hoy ya no se parte de láminas de plomo, sino de placas de plomo fundidas y profundamente acanaladas (*placa de gran superficie*). Mediante tratamiento y cuidados prescritos se les da a estas placas una gran estabilidad y una vida larga. La cantidad de plomo empleada está, sin embargo, en desproporción desfavorable con la masa activa. Por eso se emplean las placas positivas así preparadas principalmente en baterías fijas o *estacionarias* en las que el peso del elemento no resulta inconveniente.

Otra forma de fabricación de placas fundamentales distinta es la que se emplea cuando se trata de conseguir la capacidad más alta posible con el menor peso del elemento, como en las baterías para motores de vehículos. Entonces, para aumentar la resistencia, se funde primero, precisamente de plomo duro o crudo (aleación Pb-Sb), una rejilla portamasa de mallas bastante anchas, constituida por planchas cruzadas que además están colocadas de modo intercambiable. En esta rejilla se unta entonces una pasta formada por mezclas de óxidos de plomo y polvo de plomo que se empastan con ácido sulfúrico o también glicerina. Esta pasta se endurece pronto al secarse las placas y forma un cemento sólido poroso que cuando tiene la composición correcta no pierde tan fácilmente su trabazón interna ni su adherencia a la rejilla. En esta forma que se acaba de indicar se pueden fabricar acumuladores capaces de almacenar una cantidad de energía de 30 vatios-hora por kilogramo de peso del elemento.

De modo análogo, esto es, por introducción del material activo en una rejilla, se preparan en general las placas negativas para las baterías estacionarias provistas con placas de gran superficie como positivas. Solamente que esas placas se recubren con una lámina de plomo perforada y sólidamente remachada o soldada a ellas, de modo que cada torta de masa se encuentre dentro de pequeñas cajas (*placas de cajas*) y no se desmorone fácilmente. Después de rellenar y secar estas placas empastadas se someten igualmente a un *proceso de formación* en ácido sulfúrico diluido, cuyo proceso consiste, sin embargo, en este caso sólo en transformar las masas de plomo embolsadas, de un lado, en plomo esponjoso y de otro, en PbO_2.

Los procesos que tienen lugar en el elemento acabado para la carga y la descarga son los mismos ya formulados en (*a*) y (*d*):

Placa positiva:

$$PbSO_4 + 2\oplus + SO_4'' + 2\,H_2O \underset{\text{Descarga}}{\overset{\text{Carga}}{\rightleftarrows}} PbO_2 + 2\,H_2SO_4$$

Placa negativa:

$$PbSO_4 + 2\ominus + 2\,H^{\cdot} \underset{\text{Descarga}}{\overset{\text{Carga}}{\rightleftarrows}} Pb + H_2SO_4$$

El $PbSO_4$ formado en la descarga en las dos clases de placas se transforma en la carga de la placa positiva en PbO_2 y en la de la negativa en Pb esponjoso. Cuando de este modo ha desaparecido todo el $PbSO_4$ de las placas, con carga más prolongada se desprenden, según (*c*), en la placa positiva O_2 y en la placa negativa H_2. Estos procesos necesitan, sin embargo, una tensión más alta. En esta forma, llega a producirse la curva de carga representada en la figura 16, de un acumulador de plomo durante la operación de carga con una corriente cuya intensidad se mantiene constante.

En la descarga, cuyo curso durante 3 horas se representa igualmente en dicha figura, se verifican las transformaciones formuladas en sentido inverso, con lo cual en ambas clases de placas se forma $PbSO_4$. Como puede verse por la suma de las dos ecuaciones anteriores, que dan la reacción bruta:

$$2\,PbSO_4 + 2\,H_2O \underset{\text{Descarga}}{\overset{\text{Carga}}{\rightleftarrows}} PbO_2 + Pb + 2\,H_2SO_4$$

se consumen además en ella 2 moles de H_2SO_4. Por ello, la densidad del ácido disminuye con la descarga prolongada, lo que como primera aproximación, puede servir de medida para juzgar el estado de descarga. De modo inverso, la densidad del ácido vuelve a subir con la carga.

La comprobación cuidadosa de las relaciones da como resultado ante todo que el consumo de H_2SO_4 por cada 2 **F**

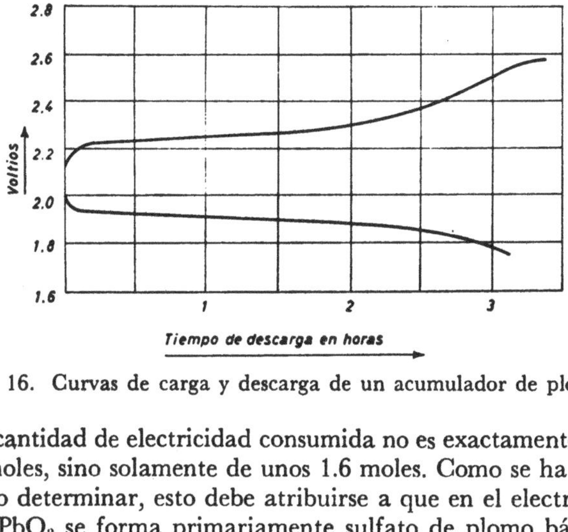

Fig. 16. Curvas de carga y descarga de un acumulador de plomo.

de cantidad de electricidad consumida no es exactamente de 2 moles, sino solamente de unos 1.6 moles. Como se ha podido determinar, esto debe atribuirse a que en el electrodo de PbO_2 se forma primariamente sulfato de plomo básico que sólo gradualmente se transforma en sulfato neutro bajo la acción del ácido.

Respecto a un electrodo de hidrógeno introducido en el mismo ácido de densidad 1.20, la placa negativa del acumulador de plomo muestra un potencial más negativo en 0.34 V y la positiva una tensión de unos 1.70 V. De ello resulta que lo mismo el potencial del electrodo positivo que el del negativo quedan considerablemente por encima del potencial reversible de hidrógeno o de oxígeno, puesto que la f.e.m. de la pila de gas detonante solamente es de 1.23 V. El que el sistema sea en general estable y que la pérdida de la carga por el desprendimiento de H_2 y de O_2 en los electrodos sólo sea insignificante *(descarga espontánea,* aproximadamente 1%/día), se debe a la alta sobretensión de estos gases en el plomo (véase pág. 158).

Estas relaciones producen, especialmente en el electrodo negativo, una gran sensibilidad a metales extraños de menor sobretensión del H_2 (Pt, Cu, Ag, Ni y otros). Ya fracciones de miligramo de platino en un litro del ácido pueden, por ejemplo, aumentar considerablemente la posgasificación de las placas negativas después de su carga y, con ello, su descarga espontánea. Mayores cantidades de estos *metales de postebullición* ponen en evidencia, según las circunstancias, la capacidad de carga del elemento y lo vuelven completamente inutilizable *(envenenamiento).*

Otro peligro que amenaza al acumulador de plomo es la *sulfatación* de las placas. Se entiende por esto un engrosamiento *(recristalización)* de los cristales de $PbSO_4$, que puede dificultar considerablemente su paso a la solución y, por consiguiente, su reacción electroquímica. Para impedir este fenómeno, los acumuladores de plomo después de su descarga, esto es, después de la formación del sulfato de plomo, o bien del sulfato básico, finamente cristalizados, deben volver a cargarse lo más pronto posible.

El acumulador alcalino

Junto al acumulador de plomo ha logrado adquirir una gran importancia práctica el *acumulador de acero* inventado por Th. A. Edison y W. Jungner alrededor de 1900. Como material de construcción se emplea en primer lugar acero niquelado (sin templar) que no sólo comunica al elemento una gran resistencia mecánica, sino que además se caracteriza por una resistencia a la corrosión extraordinariamente grande frente a los electrólitos empleados en este caso (véase pág. 155) (solución de potasa cáustica de alrededor del 20%, con una pequeña adición de hidróxido de litio).

Las placas positivas consisten en recipientes finamente perforados de chapa de acero delgada y niquelada, que tienen forma prismática rectangular *(placas de bolsillo)* o forma cilíndrica *(placas de tubitos)*.

Como masa activa positiva contienen unas y otras óxido de níquel hidratado al cual, a causa de su mala conductividad eléctrica, se le agrega grafito o bien escamas *(flóculos)* de níquel puro como *material conductor*.

Las placas negativas se preparan siempre como placas de bolsillo, igualmente de chapa de acero. Contienen masas finamente pulverizadas, o de poros finos, cuyo principal componente activo es hierro o cadmio. Para el mantenimiento de la actividad de la masa de hierro (hierro reducido) se recomienda la adición de 5% de HgO aproximadamente.

Los procesos en la carga y descarga en los electrodos son los siguientes:

Electrodo positivo:

$$2\,Ni(OH)_2 + 2\oplus + 2\,OH' \underset{\text{Descarga}}{\overset{\text{Carga}}{\rightleftarrows}} Ni_2O_3 \cdot H_2O + 2\,H_2O$$

Electrodo negativo:

$$Cd(OH)_2 + 2\ominus + 2\,K^{\cdot} \underset{\text{Descarga}}{\overset{\text{Carga}}{\rightleftarrows}} Cd + 2\,KOH$$

o, cuando se emplea Fe:

$$Fe(OH)_2 + 2\ominus + 2\,K^{\cdot} \underset{\text{Descarga}}{\overset{\text{Carga}}{\rightleftarrows}} Fe + 2\,KOH$$

En la carga del electrodo positivo se depositan, por tanto, iones OH′ que descargan en él sobre el $Ni(OH)_2$. Con ello se puede considerar como producto primario $Ni(OH)_2$ que en solución de potasa cáustica relativamente fuerte cede 1 mol de agua, por lo que se forma $Ni_2O_3 \cdot H_2O$. Por otra parte, sobre el electrodo negativo se reduce el hidróxido de Cd o el ferroso, por lo cual estos metales se producen en forma finamente dividida (activa).

Como resulta de la suma de las dos reacciones anteriores, se realiza en el elemento la siguiente reacción bruta:

$$2\,Ni(OH)_2 + Cd(OH)_2 \underset{\text{Descarga}}{\overset{\text{Carga}}{\rightleftarrows}} Ni_2O_3 \cdot H_2O + Cd + 2\,H_2O$$

en la cual se puede sustituir el Cd por el Fe.

Al contrario que en el acumulador de plomo, aquí solamente interviene, en el proceso de carga y descarga, el agua contenida en el electrólito y no, sin embargo, el electrólito propiamente dicho (KOH). Por consiguiente, la densidad del hidróxido potásico varía muy poco con la descarga progresiva ($D = 1.19$ a 1.22) y no puede servir como medida práctica para juzgar del estado de carga o de descarga.

La f.e.m. del acumulador de Ni-Fe es de unos 1.35 V y la del de Ni-Cd de 1.30 V, aproximadamente. Estos valores son válidos para los acumuladores que después de cargados se tienen en reposo durante unas semanas. En los elementos recién cargados se miden valores de alrededor de 0.10 V más altos. En la descarga, la tensión en los bornes baja al principio muy de prisa a 1.30 ó 1.25 V, se mantiene luego largo tiempo en la proximidad de la tensión media de trabajo, unos 1.20 V, y luego, al final de la descarga, después de haber llegado entre 1.1 y 1.0 V, cae aceleradamente (véase fig. 17).

La tensión de carga, representada igualmente en la figura, depende en su curso de la masa negativa empleada.

Oscila en las células de hierro entre 1.6 y 1.85 V, en las de cadmio entre 1.4 y 1.8 V. El grado de actividad (véase pág. 37) en vatios-hora es en el primer caso algo más bajo que en el elemento de Cd. En el acumulador de Ni-Fe es de 50% aproximadamente y en el de Ni-Cd de alrededor del

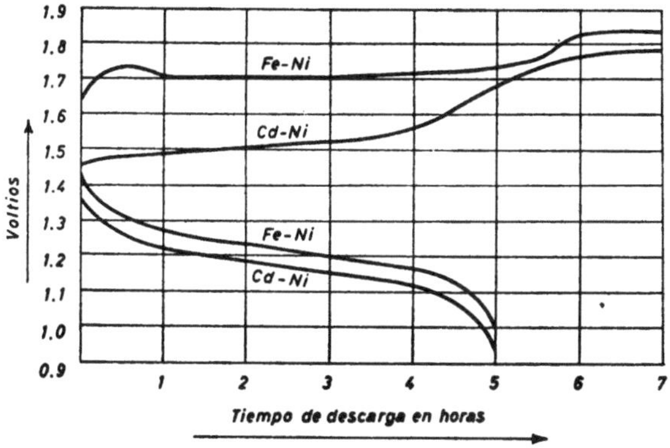

FIG. 17. Curvas de carga y descarga de un acumulador Fe-Ni y de un acumulador Cd-Ni (modelo de tubitos).

55% en comparación con el 70% en el acumulador de plomo. La carga se realiza en ambos acumuladores alcalinos con 140% de su capacidad nominal (grado de actividad en A-h = 72%), mientras que para la recarga de un acumulador de plomo en general sólo se emplea alrededor del 110% de los amperios-hora consumidos (grado de actividad en A-h 90%, aproximadamente).

CAPITULO IV

EQUILIBRIOS IONICOS

Como ya hemos estudiado, la ley de acción de las masas es la que rige la reacción química entre distintas clases de moléculas y el estado final o estado de equilibrio a que tiende una fase mixta (véase pág. 70). Para la disociación técnica simple $AB \rightleftarrows A + B$, el estado de equilibrio al cual tiende la mezcla de reacción en condiciones de presión y temperatura constantes, se caracteriza por la constante de equilibrio o de disociación:

$$K = \frac{[A] \cdot [B]}{[AB]}$$

Sólo es probable que esta ley se cumpla rigurosamente, como ya se ha indicado en otro lugar, con concentraciones pequeñas de cada una de las clases de moléculas, porque solamente entonces se puede aplicar la ley de los gases ideales a los componentes de la fase mixta y, con ella, la hipótesis en que se basa la ley de acción de las masas. La desviación del comportamiento ideal a concentraciones altas se debe al mayor acercamiento de las moléculas entre sí y a las fuerzas intermoleculares que entonces se ponen de manifiesto.

Ahora, si no se presenta un equilibrio térmico y en lugar de moléculas eléctricamente neutras aparecen moléculas con cargas eléctricas, es decir, iones, en la disociación: $MN \rightleftarrows M^+ + N^-$, no son solamente esas fuerzas intermoleculares sino ante todo las fuerzas eléctricas (de Coulomb) las que actúan sobre las clases de iones que intervienen en el equilibrio. Estas fuerzas, como consecuencia de su gran alcance, causan desviaciones considerablemente más fuertes de la ley que las inherentes al equilibrio térmico. Estas anomalías se notan especialmente en los electrólitos fuertes que ya en sus soluciones concentradas están disociados en iones en grado considerable. Estos son, además de casi todas las sales, entre los ácidos más conocidos, principalmente HCl, HBr, HI, HNO_3, $HClO_3$, $HClO_4$, $HMnO_4$, H_2SO_4 y entre las bases, los hidróxidos de los metales alcalinos y alcalinotérreos y las bases de amonio cuaternario. A las soluciones de estos electrólitos no se les puede aplicar sin más la ley de acción de las masas, ni siquiera en forma aproximada, como veremos más adelante. (Véase vol. I, pág. 102.)

En los electrólitos débiles, cuya disociación sólo es considerable a elevada dilución, tienen, en cambio, mucho menos peso las desviaciones originadas por las cargas eléctricas de sus iones, por lo que la ley de acción de las masas vuelve a dar correctamente sus relaciones de disociación, si bien no con absoluto rigor, al menos con aproximación satisfactoria. En lo que sigue se tratará primero este caso.

La disociación de los electrólitos débiles

Los electrólitos débiles se encuentran casi exclusivamente entre los ácidos y las bases, puesto que las sales, con pocas excepciones, se cuentan entre los electrólitos fuertes. La comprobación de las relaciones de disociación requiere primeramente ayuda experimental para la medición de las concentraciones iónicas. A causa de las grandes fuerzas electrostáticas opuestas, la separación de una clase particular de ion (como por una pared semipermeable, solamente para este ion) resulta imposible. También fallan los métodos analíticos corrientes, porque los procesos de disociación de todos los electrólitos se verifican a velocidad grande inmediatamente y, por consiguiente, la porción sin disociar en la precipitación de una clase de ion restablece en la práctica de inmediato su equilibrio de disociación y suministra nuevos iones.

Para la determinación del grado de desdoblamiento de un electrólito están indicados, por ello, en lo fundamental, métodos físicos y fisicoquímicos. Entre estos ya hemos estudiado tres tipos distintos: el método de conductividad (vol. I, pág. 151), la determinación potenciométrica (pág. 147) y, finalmente, los métodos osmóticos, que se basan en las mediciones equivalentes entre sí de la presión osmótica, la disminución de la presión de vapor, el descenso del punto de congelación o el aumento del punto de ebullición (véase pág. 91). En este aspecto citaremos aquí ante todo aún dos posibilidades de medición. Una de ellas, representada por el *método óptico,* se basa en que, en algunas clases de iones, la absorción espectral de la porción sin disociar es diferente y, por ello, cuando este es el caso, en la región espectral de la luz visible (indicadores) muestran otro color. Su concentración puede medirse entonces por camino espectrofotométrico. La otra posibilidad, representada por el *método de la cinética de reacción,* se basa en que algunos iones, en especial los iones $H^{\cdot}$ y OH', actúan como aceleradores en ciertas reacciones (catalíticamente) y la velocidad de reacción aumenta proporcionalmente a su concentración. Los iones $H^{\cdot}$ catalizan, por ejemplo, la inversión de la sacarosa, por lo cual a partir de la sacarosa, que hace girar a la derecha el plano de la luz polarizada, se forma, por adición de 1 mol H_2O y desdoblamiento, una mezcla molecular de fructosa y glucosa, que es levógira:

$$\underset{\text{Sacarosa}}{C_{12}H_{22}O_{11}} + H_2O \rightarrow \underset{\text{Fructosa}}{C_6H_{12}O_6} + \underset{\text{Glucosa}}{C_6H_{12}O_6}$$

La marcha de la reacción y con ella su velocidad en cada momento, que es proporcional a la concentración de iones $H^{\cdot}$, puede seguirse y, por lo tanto, medirse en el sistema polarimétricamente sin ninguna acción perturbadora. De este modo se ha podido demostrar que no es el ácido propiamente dicho el que tiene actividad, sino sólo la concentración de los iones $H^{\cdot}$ disociados en él.

El ion $H^{\cdot}$ actúa aquí de modo puramente catalítico, es decir, actúa sólo como acelerador de la reacción y no participa propiamente (de modo aparente) en la misma. Otro ejemplo de la medición por la cinética de reacción de la concentración iónica es la aceleración de la saponificación de un éster, que se estimula por la presencia de iones OH'. Estos, en todo caso, no aparecen como catalizadores sino como sustancias reaccionantes. La marcha de la reacción, como, por ejemplo, la del acetato de metilo con una base cualquiera que disocie iones OH':

$$CH_3COOCH_3 + OH' \rightarrow CH_3COO' + CH_3OH$$

puede seguirse por valoración. De este modo se pudo comprobar que la velocidad de reacción en todo momento sube proporcionalmente con la concentración de iones OH' y también en este caso es independiente del contenido de moléculas de la base sin disociar en la solución.

Todos estos métodos, independientes entre sí, para la determinación de las concentraciones iónicas conducen en los electrólitos débiles a resultados que concuerdan satisfactoriamente. Los métodos osmóticos son de todos modos inaplicables para la medición de la disociación de estos electrólitos, a causa de la muy poca importancia de los efectos parciales.

Según el método de conductividad, que en este caso es el más adecuado, obtenemos el grado de disociación α de un electrólito de la concentración c a partir de su conductividad equivalente Λ_c a esa concentración y de su conductividad equivalente Λ_∞ a dilución infinita, por la ecuación

$$\alpha = \frac{\Lambda_c}{\Lambda_\infty}$$

A partir de los valores indicados en la tabla 7 para estas magnitudes, a distintas concentraciones, en el ácido acético y el amoniaco, se obtienen los valores α para el grado de disociación de estos dos electrólitos débiles que se dan en las dos tablas siguientes 4 y 5. En una solución de los mis-

TABLA 4

Grado de disociación y constante de disociación de soluciones de ácido acético de distintas concentraciones, calculados a partir de sus conductividades equivalentes Λ_v *a 18° C.*

n	v	Λ_v	$\alpha = \frac{\Lambda_v}{\Lambda_\infty}$	$K = \frac{\alpha^2 \cdot n}{1 - \alpha}$
1.0	1.0	1.32	0.00377	$1.42 \cdot 10^{-5}$
0.5	2.0	2.01	0.00574	$1.65 \cdot 10^{-5}$
0.1	10	4.60	0.01314	$1.75 \cdot 10^{-5}$
0.01	100	14.3	0.04086	$1.74 \cdot 10^{-5}$
0.001	1000	41	0.1171	$1.55 \cdot 10^{-5}$
0		350	—	—
			Media:	$1.64 \cdot 10^{-5}$

TABLA 5

Grado de disociación y constante de disociación de soluciones de amoniaco de distintas concentraciones calculados a partir de su conductividad equivalente Λ_v *a 18° C.*

n	v	Λ_v	$\alpha = \frac{\Lambda_v}{\Lambda_\infty}$	$K = \frac{\alpha^2 \cdot n}{1 - \alpha}$
1.0	1.0	0.89	0.0037	$1.37 \cdot 10^{-5}$
0.5	2.0	1.35	0.0057	$1.63 \cdot 10^{-5}$
0.1	10	3.3	0.0138	$1.93 \cdot 10^{-5}$
0.01	100	9.6	0.0403	$1.69 \cdot 10^{-5}$
0.001	1000	28.0	0.118	$1.58 \cdot 10^{-5}$
0		238	—	—
			Medida:	$1.64 \cdot 10^{-5}$

mos, de normalidad n, se calcula su contenido en cationes por $n \cdot \alpha$. De la misma magnitud es la concentración de aniones, mientras que la de la porción sin disociar viene dada por $n \cdot (1 - \alpha)$. Según la ley de acción de las masas, la constante de disociación es entonces:

$$K = \frac{\text{Concentración de cationes} \cdot \text{Concentración de aniones}}{\text{Concentración de la porción sin disociar}}$$

Obtenemos con ello la *ley de dilución* dada por Wi. Ostwald (1888) y bien confirmada en los electrólitos débiles:

$$K = \frac{(n \cdot \alpha)^2}{n \cdot (1 - \alpha)} = n \cdot \frac{\alpha^2}{1 - \alpha}$$

o si sustituimos:

$$\alpha = \frac{\Lambda_v}{\Lambda_\infty}$$

$$K = \frac{\Lambda_v^2 \cdot n}{\Lambda_\infty (\Lambda_\infty - \Lambda_v)}$$

Como puede verse por los valores de K calculados en las tablas 4 y 5 según la ecuación dada, éstos son en realidad aproximadamente constantes para el ácido acético y el amoniaco, de acuerdo con los requisitos de la ley de acción de las masas en que se basa la fórmula anterior, en todo el campo de concentraciones considerado desde 0.001 hasta 1 Val/l y en el valor medio (casual) iguales entre sí.

Las constantes de disociación correspondientes de otros electrólitos débiles varían entre amplios límites, como puede verse por los valores reunidos en la tabla 6. En ella también se dan los valores correspondientes a electrólitos polinarios, que pueden disociarse en más de dos iones.

La disociación de estos electrólitos polinarios se realiza en general en varios grados, por lo que las constantes de disociación correspondientes pueden determinarse una a una. Como ejemplo, examinemos la disociación del ácido fosfórico, tribásico. La disociación de sus tres iones H$^{\cdot}$ se realiza en los siguientes grados:

$$H_3PO_4 \rightleftarrows H_2PO_4' + H^{\cdot}$$
$$H_2PO_4' \rightleftarrows HPO_4'' + H^{\cdot}$$
$$HPO_4'' \rightleftarrows PO_4''' + H^{\cdot}$$

La constante del primero de estos equilibrios puede determinarse por mediciones de conductividad en las soluciones más concentradas, porque el ácido aquí se comporta prácticamente como un ácido monobásico y sólo desempeña un papel secundario frente a los otros dos equilibrios de disociación. La forma más sencilla para conocer la constante del segundo de dichos equilibrios es la medición del grado de acidez de soluciones de una sal primaria, por ejemplo, NaH_2PO_4, que en soluciones diluidas está prácticamente disociada por completo en iones Na$^{\cdot}$ y H_2PO_4'.

Por ello se pueden considerar iguales las concentraciones de los iones H_2PO_4' y la de la sal, con lo cual la medición potenciométrica de la concentración de hidrogeniones de la solución de esta sal nos permite conocer la constante de disociación para el segundo grado de disociación. De modo análogo se puede determinar finalmente, por medición de la acidez en soluciones de la sal secundaria Na_2HPO_4, la constante para el tercer grado de disociación. En esta forma se han medido las constantes de disociación de ácidos polibásicos, dadas en la tabla 6, en los cuales la determinación de las mismas por separado sería naturalmente tanto más difícil e insegura cuanto más cerca estén los valores numéricos de las constantes y, por consiguiente, tanto más traslapados los equilibrios parciales.

En la serie de los ácidos y bases orgánicos tienen lugar interesantes acciones de los sustituyentes particulares sobre su fuerza, lo que aquí sólo se indica someramente. En la serie homóloga de los ácidos grasos saturados, el ácido fórmico es el más fuerte. La sustitución de su átomo H, unido mediante enlace no iónico, por un grupo CH_3, reduce considerablemente su fuerza, mientras que la nueva entrada de miembros $-CH_2-$ produce mucho menor debilitación. La introducción de sustituyentes *negativos*, como -OH, Cl- o

TABLA 6

Constantes de disociación (K) *de ácidos y bases débiles en solución acuosa.*

Nombre y fórmula	Grado	°C.	*K*
		Acidos inorgánicos:	
Acido bórico (H_3BO_3)	I	20	$7.3 \cdot 10^{-10}$
	II	20	$1.8 \cdot 10^{-13}$
	III	20	$1.6 \cdot 10^{-14}$
Acido cianhídrico (HCN)	—	18	$4.8 \cdot 10^{-10}$
Acido carbónico (H_2CO_3)	I	25	$4.3 \cdot 10^{-7}$
	II	25	$5.6 \cdot 10^{-11}$
Acido sulfhídrico (H_2S)	I	18	$9.1 \cdot 10^{-8}$
	II	18	$1.1 \cdot 10^{-12}$
Acido sulfúrico (H_2SO_4)	II	20	aprox. $1.2 \cdot 10^{-2}$
Acido nitroso (HNO_2)	—	12.5	$4.6 \cdot 10^{-4}$
Acido fosfórico (H_3PO_4)	I	25	$7.5 \cdot 10^{-3}$
	II	25	$6.2 \cdot 10^{-8}$
	III	25	$1.8 \cdot 10^{-12}$
		Bases inorgánicas:	
Amoniaco (NH_4OH)	—	25	$1.8 \cdot 10^{-5}$
Hidrazina (H_2N-NH_3OH)	—	20	$1.6 \cdot 10^{-6}$
Hidroxilamina (HO-NH_3OH)	—	20	$1.1 \cdot 10^{-8}$
Hidróxido de plata (AgOH)	—	25	$1.1 \cdot 10^{-4}$
		Acidos orgánicos:	
Acido fórmico (H-COOH)	—	20	$18.0 \cdot 10^{-5}$
Acido acético (CH_3-COOH)	—	25	$1.8 \cdot 10^{-5}$
Acido propiónico (CH_3CH_2-COOH)	—	18	$1.3 \cdot 10^{-5}$
Acido butírico ($CH_2CH_2CH_2$-COOH)	—	20	$1.54 \cdot 10^{-5}$
Acido α-oxibutírico (CH_3CH_2CHOH-COOH)	—	25	$10.6 \cdot 10^{-5}$
Acido β-oxibutírico (CH_3CHOH-CH_2-COOH)	—	25	$2.0 \cdot 10^{-5}$

Acido γ-oxibutírico (CH_2OH-CH_2-CH_2-COOH)	—	25	$1.9 \cdot 10^{-5}$
Acido glicólico (CH_2OH-COOH)	—	18	$14.8 \cdot 10^{-5}$
Acido monocloroacético (CH_2Cl-COOH)	—	18	$155 \cdot 10^{-5}$
Acido oxálico (HOOC-COOH)	I	25	aprox. $5.9 \cdot 10^{-2}$
	II	25	$6.4 \cdot 10^{-5}$
Acido malónico (HOOC-CH_2-COOH)	I	25	$1.4 \cdot 10^{-3}$
	II	25	$2.0 \cdot 10^{-6}$
Acido succínico (HOOC-CH_2-CH_2-COOH)	I	25	$6.4 \cdot 10^{-5}$
	II	25	$3.3 \cdot 10^{-6}$
Acido amido acético (H_2N-CH_2-COOH)	—	25	$1.8 \cdot 10^{-10}$
Acido fenilacético (C_6H_5-CH_2-COOH)	—	18	$5.4 \cdot 10^{-5}$
Acido benzoico (C_6H_5-COOH)	—	25	$6.5 \cdot 10^{-5}$
Acido *o*-oxibenzoico (HO-C_6H_4-COOH)	—	19	$107 \cdot 10^{-5}$
Acido *m*-oxibenzoico (HO-C_6H_4-COOH)	—	19	$8.7 \cdot 10^{-5}$
Acido *p*-oxibenzoico (HO-C_6H_4-COOH)	—	19	$3.3 \cdot 10^{-5}$
Fenol (C_6H_5-OH)	—	20	$1.3 \cdot 10^{-10}$
Bases orgánicas:			
Monometilamina (NH_3CH_3-OH)	—	25	$44 \cdot 10^{-5}$
Dimetilamina ($NH_2(CH_3)_2$-OH)	—	25	$52 \cdot 10^{-5}$
Trimetilamina ($NH(CH_3)_3$-OH)	—	25	$5.5 \cdot 10^{-5}$
Hidróxido de tetrametilamonio ($N(CH_3)_4$-OH)	—	25	aprox. $1 \cdot 10^{-1}$
Anilina (C_6H_5-NH_3-OH)	—	25	$3.8 \cdot 10^{-10}$

-NO_2, refuerza considerablemente el carácter ácido y, de hecho, tanto más cuanto más cerca se encuentre el grupo sustituyente del grupo COOH. Así, por ejemplo, el ácido α-oxibutírico es considerablemente más fuerte que sus isómeros con las sustituciones β y γ. Mientras que la introducción de grupos metilos actúa debilitando el ácido, la entrada de un grupo fenilo lleva consigo un pequeño reforzamiento (por ejemplo: ácido acético-ácido fenilacético). Ejerce una acción considerable la sustitución de un átomo H del radical ácido por un grupo NH_2. La constante del ácido acético de $1.8 \cdot 10^{-5}$ a 25° C. se reduce con ello en 5 potencias de diez (ácido amidoacético: $K = 1.8 \cdot 10^{-10}$). Es interesante también la acción de dos grupos COOH- entre sí, que podemos ver muy bien en la serie de los ácidos dicarboxílicos.

La influencia en este caso es tanto más fuerte cuanto más cerca están los dos grupos, así que el ácido oxálico se comporta como electrólito fuerte, al menos en su primer grado de disociación.

Los sustituyentes en la serie aromática muestran acciones análogas. El carácter muy débilmente ácido del fenol se refuerza mucho por sustituyentes negativos, en especial cuando éstos se introducen en la posición orto con respecto al grupo carboxílico o cuando se sustituyen por esos átomos o grupos de átomos los átomos H del grupo fenilo.

Mientras que los ácidos se debilitan por sustituyentes alifáticos, como CH_3, su introducción en el grupo NH_4 del amoniaco produce un reforzamiento de la disociación. Se pone esto de manifiesto con especial fuerza si los cuatro átomos H se sustituyen por restos alquílicos, de tal modo que la fuerza de estas *bases de amonio cuaternario* se aproxima mucho a la de los hidróxidos alcalinos. El comportamiento de las bases orgánicas, opuesto al de los ácidos, también lo determinan otros sustituyentes al entrar en su molécula.

Con la determinación de las relaciones de disociación en algunos ácidos y bases va ligada la dificultad de determinar la concentración de la porción no disociada. Esto es particularmente lo que sucede cuando la base, o el ácido, correspondiente tiene tendencia a transformarse en su anhídrido, como ocurre, por ejemplo, con el amoniaco o el ácido carbónico. En las soluciones acuosas de estas sustancias se traslapan en realidad dos o tres equilibrios.

$$NH_3 + H_2O \rightleftarrows NH_4OH$$
$$NH_4OH \rightleftarrows NH_4^{\cdot} + OH'$$

o bien,

$$CO_2 + H_2O \rightleftarrows H_2CO_3$$
$$H_2CO_3 \rightleftarrows HCO_3' + H^{\cdot}$$
$$HCO_3' \rightleftarrows CO_3'' + H^{\cdot}$$

Las constantes de disociación de estos electrólitos dadas en la tabla 6 se han calculado, por motivos prácticos, a base de la suposición de que se presentan en su forma hidratada y que solamente son capaces de disociación las formas NH_4OH o H_2CO_3. Sin embargo, esto no se ha determinado con certeza. Antes bien, hay que admitir que una porción muy considerable de estas sustancias se presenta en forma de su anhídrido respectivo. Estas relaciones fueron estudiadas más de cerca, especialmente en el CO_2, por A. Thiel (1914). De este estudio resultó que la pequeña fuerza del ácido carbónico se cambia por una fuerte después de desplazarse hacia el lado del CO_2 su equilibrio de deshidratación y que la verdadera fuerza de su primer grado de disociación excede aún esencialmente de la del ácido acético cuando se introduce como porción no disociada únicamente la concentración de H_2CO_3 presente en la solución (alrededor del 1% de la cantidad total de CO_2). Análogas podrían resultar también las relaciones en las soluciones acuosas de amoniaco.

Indicadores

Tenemos a nuestra disposición reactivos muy cómodos y sencillos para juzgar de la concentración de hidrogeniones, esto es, del valor del p_H de una solución acuosa, en forma de los indicadores acidimétricos. Los más conocidos y de empleo más general son el tornasol, el anaranjado de metilo y la fenolftaleína. Son colorantes orgánicos de los que, gracias a su color intenso, sólo necesitamos agregar cantidades muy pequeñas a las soluciones objeto de ensayo, de modo que su presencia no introduce ninguna variación apreciable del grado de acidez. Estos colorantes son a su vez bases o ácidos, en general de poca fuerza, y también frecuentemente electrólitos *anfóteros* que funcionan como ácidos o como bases según el valor del p_H de la solución. Para su actividad como indicadores es decisivo que su color en estado no disociado sea diferente del de su ion. Si se trata, por ejemplo, de un ácido, como ocurre con la fenolftaleína, H Fen., en las soluciones neutras y ácidas, a causa de su pequeña fuerza, tendrá el color de su forma no disociada. La solución es en este caso incolora. Si hacemos en medida creciente que la solución se torne alcalina por adición de una base, se formará, a partir de una pequeña porción de ella, una sal correspondiente al ácido indicador, que se disocia completamente, por lo que ahora aparece en este caso el intenso color rojo del anión del indicador:

$$\underset{\text{incoloro}}{\mathrm{H\,Fen}} + \mathrm{Na^{\cdot}} + \mathrm{OH'} \rightarrow \mathrm{H_2O} + \mathrm{Na^{\cdot}} + \underset{\text{rojo}}{\mathrm{Fen'}}$$

Según la fuerza de la función ácida del colorante indicador, este cambio de color se efectúa ya con concentración baja de iones OH′ o sólo con concentraciones altas. Para el equilibrio de disociación del colorante indicador ácido: $\mathrm{HFen} \rightleftarrows \mathrm{H^{\cdot}} + \mathrm{Fen'}$, se deduce, según la ley de acción de las masas:

$$K = \frac{[\mathrm{H^{\cdot}}] \cdot [\mathrm{Fen'}]}{[\mathrm{H\,Fen}]}$$

Igualmente, en la solución debe cumplirse entre [OH′] y [H˙], la relación:

$$[\mathrm{OH'}] \cdot [\mathrm{H^{\cdot}}] = k_{\mathrm{ag.}} = 10^{-14}, \text{aprox.}$$

de donde obtenemos:

$$\frac{[\mathrm{Fen'}]}{[\mathrm{H\,Fen}]} = \frac{K}{[\mathrm{H^{\cdot}}]} = \frac{K}{k_{\mathrm{ag.}}} \cdot [\mathrm{OH'}] = K' \cdot [\mathrm{OH'}]$$

es decir, la relación de concentraciones entre el anión coloreado y la molécula no disociada incolora aumenta proporcionalmente a la concentración de iones OH′. Para el caso en que $K = [H^{\cdot}]$, esto es, cuando la constante de disociación del ácido indicador tiene el mismo valor que la concentración de hidrogeniones de la solución, resulta $[Fen'] = [H\,Fen]$, es decir, una mitad del indicador está entonces presente en una forma y la otra mitad en la otra, un estado que se caracteriza por el valor p_H existente en la solución y que se designa por *grado del valor medio* (punto de equivalencia) del indicador. En la fenolftaleína este valor queda con $p_H = 9$. El intervalo de cambio de color o de viraje completo de cada indicador se extiende en general a unos 2 grados, así que la fenolftaleína en soluciones de grado 8 muestra justamente un enrojecimiento apreciable y en las de grado 10 se presenta casi completamente en su forma roja.

Un comportamiento análogo encontramos en los indicadores que funcionan como bases y en los anfóteros, entre los cuales se cuenta el anaranjado de metilo. Este colorante es la sal sódica del ácido *p*-dimetilamidoazobenzol-*p*'-sulfónico:

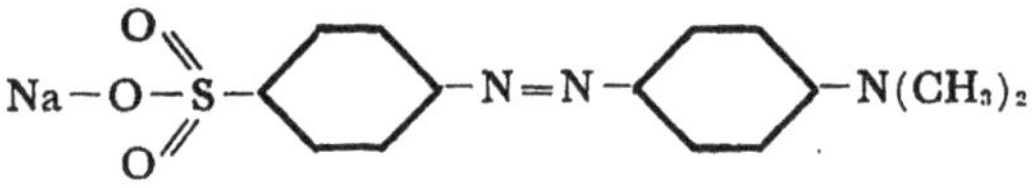

que prácticamente está disociada por completo en iones $Na^{\cdot}$ y en el anión coloreado de amarillo. El viraje de color, que se efectúa aproximadamente en el intervalo del grado 4.5 al 3.0, se debe en este caso a la función básica del grupo $N(CH_3)_2$:

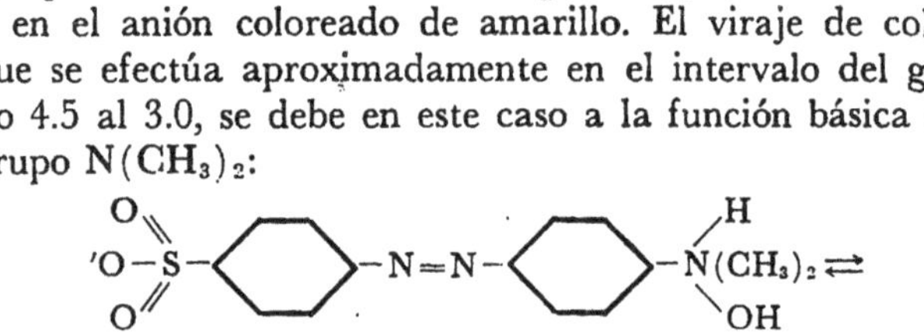

$$'R - OH \rightleftarrows OH' + 'R^{\cdot}$$

amarillo rojo

que con ácidos de suficiente fuerza reacciona con formación del *ion dual* o *anfótero* (zwitterión) de color rojo, antes formulado, que por transposición a la forma quinoide pierde su color. Estas clases de iones, que también aparecen en otros electrólitos anfóteros, llevan así, de un lado, una carga negativa y, de otro, positiva, por lo que no pueden emigrar en el campo eléctrico, y también pueden ser considerados como *sales internas*.

La constante de disociación del indicador básico 'R-OH es:

$$K = \frac{['R^{\cdot}] \cdot [OH']}{['R\,OH]} = 10^{-10.6}$$

por lo que

$$\frac{['R^{\cdot}]}{['R\,OH]} = \frac{K}{[OH']}$$

$$\text{y como } [OH'] \cdot [H^{\cdot}] = 10^{-14} \text{ aprox.,}$$

resulta que

$$\frac{['R^{\cdot}]}{['R\,OH]} = \frac{10^{-10.6}}{10^{-14}}[H^{\cdot}] = 10^{3.4}\,[H^{\cdot}]$$

Así, pues, en un valor $[H^{\cdot}] = 10^{-3.4}$, es decir en el grado 3.4, existen partes iguales de la forma roja $'R^{\cdot}$ y de la forma amarilla 'R-OH (grado de valor medio o punto de equivalencia del anaranjado de metilo).

Como se conocen gran número de colorantes con propiedades de indicadores, cuyo intervalo de viraje se efectúa en los campos más diferentes de la escala de p_H, se puede buscar para cada caso el indicador de sensibilidad suficiente para el intervalo de p_H que se quiere observar.

Hidrólisis

Al examinar el equilibrio de disociación de un electrólito no se puede pasar por alto que a su lado existen aún otros equilibrios en la solución cuya influencia puede hacerse notar. En particular debe tenerse en cuenta en todas las soluciones acuosas que en ellas $[H^{\cdot}] \cdot [OH'] = 10^{-14}$ (a 25° C. más o menos). En el agua pura es $[H^{\cdot}] = [OH'] = 10^{-7}$ Val/l, puesto que en este caso no existe otra fuente de ambas clases de iones que las propias moléculas de agua. La misma concentración de ambos iones y, por consiguiente, reacción neutra (grado 7.0) existe también en soluciones de sales tales como por ejemplo NaCl, KNO_3, etc., porque sus iones apenas pueden perturbar el equilibrio de disociación del agua.

Sin embargo, existen otras relaciones en las soluciones de sales de ácidos y de bases débiles. El ion disociado de la sal del ácido o de la base débiles, establece por su parte, en este caso, un equilibrio con los iones del agua. Si, por ejemplo, preparamos una solución de 1/10 mol de NH_4Cl en 1 l de H_2O, una parte de los iones $NH_4^{\cdot}$, procedentes de la disociación de la sal, reacciona con los iones OH' del agua con formación de moléculas de NH_4OH no disociadas, cuya disociación queda reprimida en grado considerable, a causa de su debilidad, por la concentración relativamente alta de los iones $NH_4^{\cdot}$ suministrados por parte del NH_4Cl. Esta reacción, en la cual se forma, a partir de las sales de bases débiles, una cierta cantidad de la propia base débil y, a partir de las sales de ácidos débiles, una cierta cantidad del ácido débil, se llama *hidrólisis.*

En la solución mencionada de 1/10 Val NH_4Cl/l, podemos admitir en principio que la concentración de iones $NH_4^{\cdot}$ es en números redondos de 1/10 Val/l, con arreglo a la fuerza de este electrólito. Una parte de estos iones $NH_4^{\cdot}$ reacciona con los iones OH' del agua, según la ecuación: $NH_4^{\cdot} + OH' \rightarrow NH_4OH$. Por la perturbación producida en el equilibrio de disociación del agua se liberarán nuevos iones OH', según la ecuación: $H_2O \rightarrow OH' + H^{\cdot}$, de modo que la hidrólisis en conjunto se verifica según la reacción resultante de la suma de las dos ecuaciones anteriores:

$$NH_4^{\cdot} + H_2O \rightarrow NH_4OH + H^{\cdot}$$

Según esto, en la reacción se formarán, a partir de los iones $NH_4^{\cdot}$ que actúan en este sentido, igual número de iones $H^{\cdot}$ y de moléculas NH_4OH, de modo que pueden igualarse entre sí sus concentraciones en las ecuaciones siguientes, según la ley de acción de las masas:

$$K = \frac{[NH_4^{\cdot}] \cdot [OH']}{[NH_4OH]} = 1.8 \cdot 10^{-5}$$

y como

$$k_{ag.} = [H^{\cdot}] \cdot [OH'] = 10^{-14}$$

$$K = \frac{[NH_4^{\cdot}] \cdot k_{ag.}}{[NH_4OH] \cdot [H^{\cdot}]}$$

De este modo se obtiene:

$$[H^{\cdot}] = \sqrt{\frac{[NH_4^{\cdot}] \cdot k_{ag.}}{K}}$$

Si en ella sustituimos el valor de $[NH_4^{\cdot}] = 1/10$ Val/l, se obtiene para la solución de NH_4Cl $N/10$:

$$[H^{\cdot}] = \sqrt{\frac{0.1 \cdot 10^{-14}}{1.8 \cdot 10^{-5}}} = 10^{-5.13}$$

o sea $p_H = 5.13$. La reacción tiene pues reacción ácida, si bien en conjunto está formada por cantidades equivalentes de NH_4OH y HCl. Si, por consiguiente, valoramos NH_4OH o cualquier otra base débil con HCl, no podremos utilizar para ello un indicador que vire ya en el punto neutro, $p_H = 7$, sino uno cuyo punto de viraje quedará, según la fuerza de la base considerada, más o menos en el campo ácido.

Se obtienen análogas relaciones con los ácidos débiles y sus sales, por ejemplo, para CH_3COOH:

$$K = \frac{[CH_3COO'] \cdot [H^{\cdot}]}{[CH_3COOH]} = 1.8 \cdot 10^{-5} =$$

$$= \frac{[CH_3COO'] \cdot k_{ag.}}{[CH_3COOH] \cdot [H^{\cdot}]}$$

$$CH_3COO' + H_2O \rightarrow CH_3COOH + OH'$$

$$[CH_3COOH] = [OH']$$

Con lo cual:

$$[OH'] = \sqrt{\frac{[CH_3COO'] \cdot k_{ag.}}{K}}$$

De donde, para soluciones de KCH_3COO, $N/10$, se obtiene: $[OH'] = 10^{-5.13}$ ó $[H^{\cdot}] = 10^{-8.87}$ y, por consiguiente, $p_H = 8.87$.

La solución tiene pues reacción alcalina y, por ello, para la valoración del ácido acético con una base fuerte sólo pueden utilizarse indicadores que, como la fenolftaleína, sólo viren en el grado 9, ó, si se trata de un ácido aún más débil, sólo viren en un intervalo de p_H más alto.

Los electrólitos fuertes

Si en la misma forma en que ya se hecho para el ácido acético y el amoniaco se establece una tabla sobre la conductividad equivalente de un electrólito fuerte, lo mismo que sobre el grado de disociación, α, deducido por la relación $\alpha = \frac{\Lambda_c}{\Lambda_\infty}$, y luego se comprueba la constancia de la expresión que nos da la ley de acción de las masas, $\frac{\alpha^2 \cdot n}{1 - \alpha}$, a distintas concentraciones n, se obtiene, por ejemplo, para el NaCl, el cuadro que nos ofrece la tabla 7. Esta nos muestra que el valor exigido para la constancia de la ley de acción de las masas, y precisamente en el campo de concentraciones de 1.0 a 0.0001 Val/l., disminuye casi en dos órdenes de magnitud. Así, aquí no puede dejarse de lado el problema de la validez de la ley de acción de las masas. Resulta particularmente grave en este aspecto que el valor numérico de la constante K de la ley también varía al disminuir la concentración en una potencia de diez en las soluciones fuertemente diluidas, aún casi tan fuertemente como en las soluciones concentradas.

TABLA 7

Conductividades equivalentes y relaciones de disociación calculadas de acuerdo con las hipótesis clásicas, para soluciones de NaCl a 18° C.

n	v	Λ_v	$\alpha = \frac{\Lambda_v}{\Lambda_\infty}$	$K = \frac{\alpha^2 \cdot n}{1-\alpha}$	$K' = \frac{\alpha^2 \cdot \sqrt{n}}{1-\alpha}$
1.0	1.0	74.7	0.683	1.48	1.48
0.5	2.0	80.9	0.742	1.07	1.51
0.1	10	92.0	0.846	0.465	1.47
0.01	100	102.0	0.938	0.142	1.42
0.001	1 000	106.5	0.979	0.0456	1.44
0.0001	10 000	108.1	0.995	0.018	1.80
0		108.7	—	—	—

Si determinamos el grado de disociación, α, de un electrólito fuerte, no a partir de la conductividad, sino a partir del comportamiento osmótico (véase pág. 89) de sus soluciones en el sentido de los postulados clásicos, ciertamente muestra claras desviaciones que quedan fuera de los errores de medición pero, sin embargo, los valores obtenidos para α concuerdan satisfactoriamente, al menos hasta cierto punto, con los que se obtienen por el método de conductividad. Al introducir estos valores de α en la ecuación de la ley de acción de las masas resultan entonces para las distintas concentraciones del electrólito valores decrecientes, muy parecidos, para la constante de disociación K, por lo que la ley también falla en este caso.

Finalmente, tampoco las concentraciones iónicas determinadas por los caminos potenciométrico y de cinética de la reacción, obedecen a la ley de acción de las masas, aun cuando por estos caminos pueda determinarse con suficiente exactitud el grado de disociación de las soluciones hasta entrar en el campo de las soluciones diluidas.

En cambio aparece una constancia esencialmente mejor y casi satisfactoria para la expresión $K' = \frac{\alpha^2 \cdot \sqrt{n}}{1 - \alpha}$ calculada a partir de datos de conductividad y cuyos valores numéricos para las distintas concentraciones se dan en la última columna de la tabla 7. Si transformamos ligeramente la fórmula dada para K':

$$\alpha = 1 - \frac{\alpha^2}{K'} \sqrt{n}$$

y recordando que $\alpha = \frac{\Lambda_c}{\Lambda_\infty}$ y que α^2 para soluciones suficientemente diluidas es casi $= 1$, obtenemos

$$\Lambda_v = \Lambda_\infty - \frac{\Lambda_\infty}{K'} \sqrt{n}$$

Pero esta expresión no es otra cosa que la ley de la raíz cuadrada de Kohlrausch, ya mencionada en el volumen I, página 158, y en la cual ahora en lugar de la constante b hemos introducido el valor $\frac{\Lambda_\infty}{K'}$, igualmente casi constante, según la tabla 7. Esta ley determinada en forma puramente empírica es, no obstante, incompatible con la ley de acción de las masas. En todo caso no se comprende sin más qué sentido físico haya de tener introducir en lugar de la concentración el valor de su raíz cuadrada en la ecuación de la ley de acción de las masas.

Las *anomalías de los electrólitos fuertes* se exteriorizan así en ella puesto que su *grado de disociación*, indiferentemente de que se haya determinado según las fórmulas clásicas a base de la conductividad, por su comportamiento osmótico o, en fin, por mediciones potenciométricas o de cinética de la reacción, contradice a la ley de acción de las masas. También en el campo de las soluciones muy diluidas es imposible para los electrólitos fuertes dar una determinada constante de disociación que represente correctamente sus relaciones de disociación en función de su concentración, aunque sólo sea aproximadamente.

La explicación de las causas de este asombroso comportamiento nos dio la moderna teoría electrostática tal como fue desarrollada por los trabajos de N. Bjerrum S. R. Milner, Ch. Ghosh y otros y muy especialmente de P. Debye y E. Hückel (1923). Las hipótesis en que se basa y las consecuencias que de ella se deducen sólo pueden indicarse aquí someramente. Ya se hizo también mención brevemente acerca de este tema en el volumen I, página 163.

La teoría postula que, en las soluciones ricas en iones de los electrólitos fuertes, el grado de disociación, tal como se obtiene por los métodos disponibles mencionados antes, resulta falseado solamente por las acciones electrostáticas mutuas de los iones y que los electrólitos fuertes también están disociados en realidad prácticamente por completo en sus soluciones concentradas. Todo ion, a causa de su carga eléctrica, favorece la presencia de iones cargados con signo opuesto en el medio que le rodea. Su migración en el campo eléctrico se ve obstaculizada fuertemente por la *nube iónica* que le envuelve en las soluciones concentradas y la mejor conductividad equivalente de las soluciones diluidas debe atribuirse por ello sólo al hecho de que en ellas la migración iónica no está influida tan fuertemente. El grado de disociación aparente, $\alpha = \frac{\Lambda_v}{\Lambda_\infty}$, encontrado por el método de conductividad es en realidad sólo la expresión de la diferencia de las obstaculizaciones con que tropieza el movimiento de los iones en soluciones de distinta concentración, por las fuerzas eléctricas de unos sobre otros.

De modo análogo a como ocurre con la migración de los iones en el campo eléctrico, también se perturba su movimiento puramente térmico por la presencia de iones cargados con signo opuesto en el medio que les rodea, de modo que también la presión osmótica de la solución y todos los demás efectos osmóticos resultan, por consiguiente, más pequeños que los que deberían ser en el caso de no existir acción electrostática mutua y de efectuarse la distribución de los iones completamente al azar.

Al igual, también la actividad que determina el potencial de una determinada clase de iones en un electrodo, así como su influencia en la cinética de la reacción, se ve obstaculizada o *bloqueada* por la nube iónica que rodea a cada ion en particular.

Todos los efectos citados resultan, por tanto, inservibles para la determinación del grado de disociación. Nos dan únicamente una idea de la intensidad de las fuerzas electrostáticas que actúan entre los iones cargados con signo opuesto. Los cocientes entre los efectos realmente medidos y los valores ideales, tal como deberían resultar en el caso límite de remota acción mutua electrostática y con disociación completa, tienen, por lo tanto, no sólo la importancia de coeficientes, sino que son una medida de las correcciones necesarias en cada caso. Se designan del siguiente modo:

$$\frac{\Lambda_v}{\Lambda_\infty} = f_\lambda, \text{ coeficiente de conductividad}$$

$$\frac{E_0}{E} = f_0, \text{ coeficiente osmótico}$$

$$\frac{\text{Concentración}}{\text{Masa activa}} = f_a, \text{ coeficiente de actividad}$$

E_0 representa el efecto osmótico realmente medido y E, el efecto osmótico que sería de esperar con disociación completa e inactividad de las fuerzas interiónicas.

A base de la teoría de Debye-Hückel ha sido posible el cálculo teórico de estos coeficientes particulares, por los cuales deben multiplicarse los valores ideales para obtener los valores medidos reales. El camino seguido para ello, sin utilizar una hipótesis de trabajo auxiliar, no puede detallarse en este lugar. En lo que sigue se dan solamente las fórmulas para dichos coeficientes, deducidas de la teoría para electrólitos binarios, z-valentes:

$$f_\lambda = 1 - \left[\frac{8.2 \cdot 10^5 \cdot z^2}{(D_K \cdot T)^{1.5}} + \frac{82.1 \cdot z}{(D_K \cdot T)^{0.5} \cdot \eta \cdot \Lambda_\infty}\right] \cdot \sqrt{n}$$

$$f_0 = 1 - \frac{e^2 \cdot \mathbf{L}}{6 \cdot D_K \cdot T \cdot \mathbf{R}} \cdot \sqrt{\frac{8 \cdot \pi \cdot \mathbf{L}^2 \cdot e^2}{D_K \cdot T \cdot \mathbf{R} \cdot 1\,000}}\, z^3 \cdot \sqrt{n}$$

$$\log_{10} f_a = -\frac{1.815 \cdot 10^6}{(D_K \cdot T)^{1.5}} \cdot z^3 \sqrt{n}$$

En estas ecuaciones, las letras representan:

D_K = constante dieléctrica del disolvente para agua a 18° C. = 81.1

η = viscosidad del disolvente en poises, para agua a 18° C. = 0.01055

n = concentración del electrólito en mol/litro

e = carga del electrón = $4.803 \cdot 10^{-10}$ UdEEs (véase vol. I, pág. 41)

$\mathbf{L}$ = número de Loschmidt = $6.022 \cdot 10^{23}$ (véase vol. I, pág. 111)

$\mathbf{R}$ = constante de los gases = $83.16 \cdot 10^6$ ergios/°K mol

Si sustituimos las letras por los valores numéricos mencionados, se obtiene para 18° C. ($T = 291$):

$$f_\lambda = 1 - \left[0.226 \cdot z^2 + 50.65 \frac{z}{\Lambda_\infty}\right] \cdot \sqrt{n}$$

$$f_0 = 1 - 0.384 \cdot z^3 \cdot \sqrt{n}$$

$$\log_{10} f_a = -0.5006 \cdot z^3 \cdot \sqrt{n}$$

Para un electrólito binario monovalente es $z = 1$, por lo que obtenemos:

$$f_\lambda = 1 - \left[0.226 + \frac{50.65}{\Lambda_\infty}\right] \sqrt{n}$$

$$f_0 = 1 - 0.384 \sqrt{n}$$

$$f_a = 10^{-0.5006 \sqrt{n}}$$

Como

$$f_\lambda = \frac{\Lambda_v}{\Lambda_\infty}, \text{ se deduce:}$$

$$\Lambda_v = \Lambda_\infty - [0.226\Lambda_\infty + 50.66] \cdot \sqrt{n}$$

una ecuación que concuerda con la ley de la raíz cuadrada de Kohlrausch (véase vol. I, pág. 158) si en ésta sustituimos la constante b por el valor obtenido para la expresión que acabamos de dar entre corchetes, que es igualmente constante. La teoría da pues una explicación física de la ley encontrada de forma puramente empírica por Kohlrausch y, por consiguiente, del hecho peculiar de que no sea el valor $\frac{\alpha^2 \cdot n}{1 - \alpha}$ deducido de la ley de acción de las masas, sino el de la expresión $\frac{\alpha^2 \cdot \sqrt{n}}{1 - \alpha}$, el que resulta casi constante, como se deduce de la tabla 7.

La teoría no solamente de resultados que concuerdan bien con los valores medidos realmente en los electrólitos fuertes monovalentes, sino también en los polivalentes o, en su forma general, también en los electrólitos fuertes que se disocian en más de 2 iones. En todo caso, solamente es válida para soluciones acuosas en el campo de las soluciones fuertemente diluidas, por debajo de 0.01 mol/l. En las soluciones de concentración más alta, aparecen desviaciones en medida creciente, lo que hay que atribuir al hecho de que el diámetro de los iones ya no resulta tan pequeño que pueda despreciarse respecto al diámetro de la nube iónica y, por lo tanto, ya no se cumple la hipótesis simplística de la teoría. En los disolventes no acuosos, su pequeña D_K produce un campo de acción bastante más grande de las fuerzas eléctricas, por lo que el intervalo en que se verifican las fórmulas de Debye-Hückel se desplaza aún más, en este caso, hacia el campo de las soluciones diluidas.

Un apoyo esencial a la teoría de la disociación completa de los electrólitos fuertes le brinda aún su comportamiento óptico. Así, por ejemplo, el ácido nítrico anhidro y sus soluciones en éter muestran, en la región espectral ultravioleta, espectros de absorción completamente parecidos al de los ésteres del ácido nítrico. Como éstos, al igual que el ácido anhidro y sus soluciones en éter, apenas permiten apreciar conductividad eléctrica, debe admitirse que los espectros de absorción observados en estas sustancias provienen de la forma no disociada. Es esencialmente distinto el espectro de absorción del ácido nítrico acuoso y de las soluciones de nitratos. En regiones espectrales determinadas, en las cuales muestra fuerte absorción la forma no disociada, no puede apreciarse en cambio absorción con estas últimas soluciones mencionadas. Además, las soluciones de distinta concentración obedecen a la *ley de Beer,* es decir, las relaciones de absorción siguen siendo las mismas cuando diluimos la solución x veces y elegimos para ella un espesor x veces mayor de la capa que intercepta la luz. Esta *constancia óptica* de las soluciones de electrólitos fuertes sólo puede interpretarse admitiendo en ellos disociación prácticamente completa, máxime cuando en los electrólitos débiles se pueden apreciar claramente las variaciones ópticas que acompañan a la disociación creciente.

La ley de acción de las masas y también con ella la ecuación de la isoterma de la reacción (véase pág. 72), de empleo tan frecuente (especialmente en el Cap. III), sólo se aplican rigurosamente, y esto en todos los electrólitos, incluso en los débiles, cuando en el cálculo no intervienen las concentraciones, sino que en su lugar se introducen las actividades, $\alpha = n \cdot f_a$. Para la constante de disociación, K, de un electrólito $M_xN_y \rightarrow xM^+ + yN^-$, se obtiene entonces en general:

$$K = \frac{(\alpha_M)^x \cdot (\alpha_N)^y}{(\alpha_{M_xN_y})} = \frac{[M^+]^x \cdot [N^-]^y}{[M_xN_y]} \cdot \frac{(f_{a_M})^x \cdot (f_{a_N})^y}{f_{a_{M_xN_y}}}$$

Según esto, puede mantenerse esencialmente el formalismo de la ley de acción de las masas por la introducción de los coeficientes de actividad. De todos modos, en los electrólitos fuertes no se puede dar con exactitud la magnitud de la constante K, porque hay disociación casi completa y, a causa de ello, existe una gran inseguridad acerca de la concentración ciertamente pequeña, pero no tanto que sea despreciable, de la porción no disociada $[M_xN_y]$ o, como también se dice y es mejor en este caso, de la porción *asociada.*

Para concentraciones inferiores a 0.01 moles/l, se pueden calcular en general con suficiente exactitud, mediante las fórmulas dadas antes para este fin, los coeficientes de actividad parciales f_a. Para soluciones de concentración más alta han de determinarse experimentalmente los valores f_a. Para ello se pueden utilizar métodos potenciométricos o también de solubilidad. En ambos casos, los potenciales o las solubilidades observados, dependen en primer lugar de la actividad de los iones en cada caso. Si introducimos en la fórmula dada en la página 134 para la f.e.m. de una pila de concentración, en lugar de las concentraciones c, los valores corregidos $c_1 \cdot f_a$ y $c_2 \cdot f_a'$, la f.e.m. medida nos dará la relación de los coeficientes de actividad en ambas soluciones de distinta concentración. De todos modos es preciso entonces tener en cuenta el potencial de líquidos que existe entre las dos soluciones. A causa de la inexactitud que esto introduce, se prefieren para estas mediciones las pilas de concentración sin transporte, como la pila:

$$H_2, Pt \Big/ \underset{c_1}{HCl} \Big/ Cl_2, Pt, Cl_2 \Big/ \underset{c_2}{HCl} \Big/ H_2, Pt$$

En ella, sin embargo, no sólo se introduce en la fórmula exacta de la f.e.m. de la pila la actividad de los iones Cl′, sino también la de los iones H˙:

$$\text{f.e.m.} = \frac{\mathbf{R} \cdot T}{F} \cdot \ln \frac{[H^{\cdot}]_1 \cdot [Cl']_1}{[H^{\cdot}]_2 \cdot [Cl']_2} \cdot \frac{f_{a1}{}^{H^{\cdot}} \cdot f_{a1}{}^{Cl'}}{f_{a2}{}^{H^{\cdot}} \cdot f_{a2}{}^{Cl'}} \; *$$

de modo que sólo obtenemos la relación de los *coeficientes de actividad medios* de ambas clases de iones que aquí se definen por:

$$f_a = \sqrt{f_a{}^{H^{\cdot}} \cdot f_a{}^{Cl'}} \; *$$

En general hay que contentarse con la determinación de este valor. La determinación exacta de la actividad particular de una clase de ion dada no resulta posible hasta el presente. Para ello se necesitaría ante todo el conocimiento del potencial absoluto del metal o de la sustancia formadora de los iones considerados, frente a la solución de sus iones (véase pág. 121).

* En los símbolos $f_{a1}{}^{H^{\cdot}}$ y $f_{a1}{}^{Cl'}$, $f_{a2}{}^{H^{\cdot}}$ y $f_{a2}{}^{Cl'}$, las letras H˙ y Cl′ no representan exponentes sino índices.

BIBLIOGRAFIA

Tratados de Electroquímica:

- F. Foerster, *Elektrochemie wässriger Lösungen,* 4ª ed., Leipzig, 1923.
- G. Grube, *Grundzüge der theoretischen und angewandten Elektrochemie,* 2ª ed., Dresde y Leipzig, 1930.
- G. Kortüm, *Lehrbuch der Elektrochemie,* Wiesbaden, 1948.

Tratados de Química física general:

- W. Nernst, *Theoretische Chemie,* 11ª-15ª ed., Stuttgart, 1926.
- F. W. Küster y A. Thiel, *Lehrbuch der allgemeinen, physikalischen und theoretischen Chemie,* Heidelberg, 1923.
- J. Eggert y L. Hock, *Lehrbuch der physikalischen Chemie,* 5ª ed., Leipzig, 1944.
- H. Ulich, *Kurzes Lehrbuch der physikalischen Chemie,* 4ª ed., Dresde y Leipzig, 1948.
- A. Eucken, *Lehrbuch der chemischen Psysik,* 2º vol., Leipzig, 1944.
- A. Eucken, *Grundriss der physikalischen Chemie,* 4ª ed., Leipzig, 1934.

INDICE ALFABETICO

Esta obra ha sido editada por la Unión Tipográfica Editorial Hispano-Americana de México, D. F., Av. de la Universidad, 767. Fue impresa en los talleres de Editorial Fournier, S. A., Arquitectura, 29, Copilco-Universidad, México, D. F., y se terminó el día 25 de enero de 1963. La edición estuvo al cuidado de Marín Civera, y consta de 4 000 ejemplares.

Precio de venta en México: $

Bei Fragen zur Produktsicherheit wenden Sie sich bitte an:
If you have any questions regarding product safety,
please contact:

Walter de Gruyter GmbH
Genthiner Straße 13
10785 Berlin
productsafety@degruyterbrill.com